襄陽鄉土樹木品韵

解志军　主编

四川科学技术出版社

图书在版编目（C I P）数据

记住乡愁 : 襄阳乡土树木品韵 / 解志军主编 . --
成都 : 四川科学技术出版社 , 2022.11
ISBN 978-7-5727-0774-2

Ⅰ . ①记… Ⅱ . ①解… Ⅲ . ①树种—介绍—襄阳
Ⅳ . ① S79

中国版本图书馆 CIP 数据核字 (2022) 第 215996 号

记住乡愁——襄阳乡土树木品韵

JIZHU XIANGCHOU　XIANGYANG XIANGTU SHUMU PINYUN

解志军　主编

出 品 人　程佳月
责任编辑　罗小燕
装帧设计　书点文化
责任出版　欧晓春
出版发行　四川科学技术出版社
成都市锦江区三色路 238 号　邮政编码　610023
官方微博：http://e. weibo. com/sckjcbs
官方微信公众号：sckjcbs
传真：028-86361756
成品尺寸　185mm × 260mm
印　　张　10.75　　字　数　220 千
印　　刷　四川科德彩色数码科技有限公司
版　　次　2022 年 12 月第 1 版
印　　次　2022 年 12 月第 1 次印刷
定　　价　89.00 元

ISBN 978-7-5727-0774-2

邮　　购：成都市锦江区三色路 238 号新华之星 A 座 25 层　邮政编码：610023
电　　话：028-86361758

编委会

序

襄阳市林业科学技术推广站与南京林业大学的专业合作由来已久。我与襄阳市林业科学技术推广站在无絮杨优良无性系选育及区域性造林对比试验、油用牡丹品种培育及高效栽培等的研究中进行了长期合作。我担任南京林业大学研究生院院长期间，学校还与襄阳市林业科学技术推广站共同建设了硕士研究生联合培养基地，2020 年获评第三届全国林业硕士专业学位研究生示范性专业实践基地。在长期的合作中，我深刻感受到襄阳林业同人在一线林业工作中练就了扎实的工作作风和深厚的专业素养。虽是一个襄阳域外人，我亦非常高兴受邀为《记住乡愁——襄阳乡土树木品韵》作序。

“望得见山，看得见水，记得住乡愁”。我想山水之间定然有树。人与自然是生命共同体，乡土树种作为地道的土著，与当地人长期相依相融、共生共存，本就是乡愁不可分割的一部分。《诗经》有云：“维桑与梓，必恭敬止。”“桑梓”作为树的形象早已成为“故乡”的代名词；“此夜曲中闻折柳，何人不起故园情”，“折柳”绝对是古人表达惜别、怀远之情最经典的意象；“高大的皂角树，紫红的桑葚”，在树的映衬下，鲁迅先生笔下的百草园是多少人童年记忆里的乐园。随着时代变迁，曾经常见的一些乡土树种如今只能觅之于深山；记忆中的槐花蒸面、香炸榆钱，偶然想起只能垂涎；还有敲枣子、捂柿子、炸栗子，那些儿时熟悉的场景已非常难见。时代的城镇化、园林化正在逐步割裂当代人的乡愁与乡土树种之间的联系。

襄阳地处鄂西北部、汉水中游，西接川陕，东临江汉，南通湖广，北达中原，属中国地形第二阶梯向第三阶梯的过渡地带，中国南北气候过渡带，背靠植物宝库神农架，物种丰富，孕育了许多地理标志性植物，如湖北枫杨、襄阳山樱桃、保康牡丹、小勾儿茶、粗糠、苦木等，也有一些分布较广的珍贵物种在襄阳表现出了异于常态的强大优势，如襄阳云锦杜鹃兼具花色艳、香气浓、花形大的全面优良性状，襄阳大果青杄种子的高萌发率和显著优于其他种群的自然更新能力等，具有极高的科研价值。本书虽非专业的鸿篇巨制，但也另辟蹊径，从让本地人识得本地树，留住属于乡土树木的记忆的角度力求突破，除介绍树种的基本信息外，还穿插了一些有趣的小故事，以期能与某些读者的故乡记忆形成共鸣；书中大量照片注明了拍摄地点等信息，感兴趣的读者可按图索骥一探究竟。本书文风简洁，图文并茂，是一本非常不错的科普读物，可在传播生态文化、弘扬生态文明中发挥积极的作用。

最后希望本书的出版能引起人们对乡土树种的重视，促进乡土树种的保护与开发利用。衷心祝愿南京林业大学与襄阳林业界的同人友谊长青、合作长存！

尹佟明

2022 年 8 月

（尹佟明，南京林业大学党委常委、副校长，长江学者特聘教授，杰出青年基金获得者，国家林业和草原局教学名师）

前 言

近几年来，襄阳市委、市政府按照“五位一体”布局总要求，深入践行“绿水青山就是金山银山”发展理念，大力实施“绿满襄阳再提升行动”，使得“山峦层林尽染、平原蓝绿交融、城乡鸟语花香”的自然美景处处可见。事实证明，在大规模国土绿化的生态实践中，乡土树种以其广阔的适应性、顽强的抗逆性、高效的经济性和深刻的地域历史文化烙印，有力诠释了“节约优先、保护优先、自然恢复”的生态价值观，乡土树种正受到社会越来越广泛的关注和认可。

在襄阳经济社会现代化发展的历史进程中，乡土树种在不同阶段、不同领域均发挥着不可替代的作用。例如，松、杉之于木材储备，杨、柳之于鄂北生态防护林建设，樟、桂之于城市绿化，柏、栎之于荒山造林……给几代人留下了不可磨灭的印记。我们很有必要把这些曾在经济社会发展中建功立业的树木收集汇总，展示在世人面前，让广大人民群众更加深入地认识它们，更好地保护、利用它们，加快实现“望得见山，看得见水，记得住乡愁”的美好期待。

《记住乡愁——襄阳乡土树木品韵》采用文字加图片的形式，收集了襄阳本土树木117种，既有襄阳特有的珍贵树种，又有广泛分布的常见树种，还有经过长时间驯化在襄阳表现出强大生存能力和优势的外来树种。为方便读者对树木学常识有更深的了解，书中按主要用途把各类树木进行了粗略分类，后面还附有树木识别、植物标本制作、襄阳市主要乡土树种名录等辅助资料以供翻阅。

逐梦的路有苦有乐。书中列举树木，我们力求找到最优的个体，拍出最佳的图片，但由于许多树木的生长环境、所处位置特殊，加之拍摄水平所限，未能完全遂愿，幸得业界老师朋友相助，把压箱底的照片提供给我们使用，使本书平添几分华美厚重，在此诚挚致谢！少数图片虽取自外地，因极具纪念意义，不忍弃舍之，亦收录在书中；还有部分典型的乡土树木，如湖北枫杨、小勾儿茶、巴山榧、襄阳山樱桃等，因种种原因未能录入，甚为遗憾。

需要说明的是，本书的出版得到中交广州航道局有限公司给予设备、技术方面的鼎力“襄”助，在此特别鸣谢！襄阳市苗木花卉协会也为我们提供了大量有价值的树木信息，向他们辛勤耕耘、无私奉献的精神致敬！

由于我们的专业水平所限，书中错误之处在所难免，请读者批评指正。

编　者

2022 年 8 月

目 录

故乡印记篇

繁花硕果篇

彩叶斑斓篇

珍木良材篇

生态绿化篇

特用原料篇

故乡印记篇

神农架林管局 冉超 提供

湖北申林林业科技有限公司 李翼群 提供

紫薇 *Lagerstroemia indica* (L.)

紫薇是千屈菜科紫薇属植物，落叶灌木或小乔木。紫薇俗称千日红、无皮树、百日红、紫兰花等。其是襄阳市花，在园林绿化中广泛应用。我们最常听到的紫薇的别名是“痒痒树”，这是由于人们发现紫薇树像人一样怕痒痒，用手轻轻一挠便花枝乱颤，一阵抖动，因此得名。有植物学家做过仔细的观察和实验，发现紫薇怕痒痒的现象其实跟紫薇的树形有关系。因为紫薇的树干有一个明显区别于其他树种的地方，即其树干的根部和顶端部分粗细差不多，相对于其他下粗上细的树种来说，紫薇显得“头重脚轻”，当我们轻轻地挠它的枝干时，摩擦引起的震动很容易通过坚硬的枝干传导到顶端的枝叶和花朵，于是就引起了晃动，而这个晃动会逐渐地积累，幅度也会越来越大，就出现了我们平时看到的紫薇怕痒痒这个现象。同时，怕痒痒的现象在别的经过修剪、树形变得上粗下细的植物上也会有所表现。而有一些紫薇树，其枝干粗细相差较大，这种怕痒痒的现象就不明显了。

宜城林木种苗站 任之金 提供

女贞 *Ligustrum lucidum*

女贞是木犀科女贞属常绿灌木或小乔木，别称冬青、大叶女贞等。其须根系发达，四季移植易成活，是襄阳市常用造林绿化树种之一，1999年被原襄樊市人大常委会定为市树。其树干直立，树形优美，叶浓密而亮绿，开花季节，花繁如雪。王国维的《阮郎行》词曰："女贞花白草迷离，江南梅雨时。"果实繁茂，经冬不凋。

神农架林管局 冉超 提供

枫杨 *Pterocarya stenoptera* (C. DC.)

枫杨是胡桃科枫杨属植物，俗名麻柳、马尿骚、蜈蚣柳。本地人一般都称之为大柳树。这个称呼没有文献记载，无从考究。根据枫杨的生长习性，大概是因为枫杨和柳树一样是喜水植物，常在河边生长。枫杨生长迅速，树体比柳树更高大；果序长且下垂，像柳树枝条下垂一样，因此被人称之为大柳树。枫杨喜水，常生长在溪涧河滩、阴湿山坡地的林中，现已广泛栽植作庭院树或行道树。其树皮和枝皮含鞣质，可提取栲胶，亦可作纤维原料；果实可作饲料和酿酒，种子还可榨油。

枣阳林木种苗站 高建洪 提供

化香 *Platycarya strobilacea* Sieb. et Zucc.

化香树是胡桃科化香树属植物，俗称还香树、皮杆条。化香树果序球果状，卵状椭圆形至长椭圆状圆柱形，宿存苞片木质，略具弹性，像梳子齿一样可以梳头，本地多称之为篦子树。化香树的果序也是一味中药，有顺气祛风、消肿止痛、燥湿杀虫的功效，可治内伤胸胀、腹痛、筋骨疼痛、痈肿、湿疮等。化香树是襄阳市常见的乡土树种之一，目前还未广泛开发，在园林绿化中应用较少，多见于山林之中。

长兴坤展园林绿化工程有限公司 卓可祥 提供

襄阳市林业科学技术推广站 丰文清 提供

榔榆 *Ulmus parvifolia* Jacq.

榔榆是榆科榆属植物，落叶乔木。榔榆树皮灰色或灰褐色，裂成不规则鳞状薄片剥落，露出红褐色内皮，近平滑，微凹凸不平。榔榆经济价值较高，材质坚韧，纹理直，耐水湿，可供家具、器具等用材；树皮纤维纯细，杂质少，可作蜡纸及人造棉原料，亦供药用。其生长快，适应性较强，亦是优良的生态、观赏及造林树种。榔榆发叶晚，旧时人们在青黄不接之际，不仅采摘嫩果，而且采摘嫩叶用于充饥，甚至树皮都可剥下来充饥，被人称之为“救命树”。

湖北楚和园林绿化有限公司 南文玲 提供

榆树 *Ulmus pumila* L.

榆树和榔榆同属榆科榆属植物，落叶乔木。榆树的果子又称之为榆钱，因其外形圆薄如纸币（钱币），故而得名，又由于它是“余钱”的谐音，因而就有吃了榆钱可有余钱的说法。榆钱自古以来就是人们的盘中餐，特别是在灾荒年代，榆钱拯救了很多人于饥饿之中。榆钱富含蛋白质、脂肪、糖类、粗纤维、钙及多种维生素，具有健脾安神、清心降火、止咳化痰、清热解毒、杀虫消肿之功效。虽然现在人们的生活条件好了，但有些地区还是保留了吃榆钱的习惯。榆树全身都是宝，除了榆钱可食用外，榆树木材坚实耐用，可供家具、器具、建筑等用材；树皮内含淀粉及黏性物，磨成粉称榆皮面，可掺和于面粉中食用，并可作为醋原料；枝皮纤维坚韧，可代麻制绳索、麻袋或作人造棉与造纸原料；榆钱老果含油25%，可供医药和轻、化工业用；叶可作饲料；树皮、叶及翅果均可药用，能安神、利小便。

图中榆树位于襄城区一桥焦柳铁路旁，树干分支点较低，树冠饱满。据附近老人介绍，在焦柳铁路建设时期这条路没有栽植榆树，应该是种子随风飞过，在此处落地生根了。后来该树长势旺盛，就保留了这株榆树，并在树下放置条凳，供行人休憩。

襄阳市林业科学技术推广站 张建华 提供

黄连木 *Pistacia chinensis Bunge*

黄连木是漆树科黄连木属植物，落叶乔木。黄连木俗称楷木。相传黄连木最早生长在孔子墓旁，树干挺拔，枝繁叶茂，成为众树的榜样。模树（棠梨），则传说是生长在西周初年的政治家、主张“明德慎罚”礼贤下士的周公坟上。这两种树因生长在圣贤的墓旁，其形状与质地又为人们所推崇，后来人们就取“楷”和“模”两种树的特征来代指品格高尚的人，“楷模”一词遂沿用至今。黄连木木材鲜黄色，可提取黄色染料，材质坚硬致密，可供家具和细工用材；种子榨油可作润滑油或制皂；幼叶可充蔬菜，并可代茶。

襄阳市林业科学技术推广站 习心军 摄于襄城区古城墙

构树 *Broussonetia papyrifera*

构树是桑科构属植物，落叶乔木，俗名又称毛桃、谷树、谷桑、楮或楮桃。其在襄阳市广泛分布，是最常见的乡土树种之一。长得快，对生活环境要求低是构树的特点。正是因如此，它自古就被称为“妖孽”，是低贱的“恶树”。但其实它一点都不在乎所谓“妖孽”的名声，反而长成一种优良的经济适用树。它的叶子和果实可以食用或者药用，木材坚固耐用，就连树的白色汁液也可以治疗一些皮肤病。构树的雄花同香椿一样，是春天不可多得的野味之一。摘下未开花的雄花花束，择洗干净，拌上面粉，大火蒸几分钟，撒上盐和芝麻油，想吃辣的可以加点辣椒油，如此便是一道美味。除了叶子、果实等可食用，构树还促进了人类发展的进程。公元 105 年，蔡伦发明造纸术的时候，用到的一个原材料就是构树皮。纸的发明改变了人类的书写习惯，让文明得以更好地传承。即使在 1 000 多年后的今天，它仍然是传统造纸的主要原料之一，比如著名的西和麻纸。

襄阳市林业科学技术推广站 王娟娟 提供

桑树 *Morus alba* L.

桑树是桑科桑属植物，多为落叶灌木，少有乔木。南漳县有种桑养蚕的传统，兴盛时期，千亩以上的养蚕大村有20多个。桑树经济价值较高，全身都是宝。树皮纤维柔细，可作纺织原料、造纸原料；根皮、果实及枝条可入药；叶为养蚕的主要饲料，亦作药用，并可作土农药；木材坚硬，可制家具、乐器等；桑葚可以酿酒，称桑子酒或桑葚酒。桑树树冠宽阔，树叶茂密，秋季叶色变黄，颇为美观，且能抗烟尘及有毒气体，适于城市、工矿区及农村绿化。它适应性强，为良好的绿化及经济树种。

图中这株桑树位于襄州区古驿镇唐吕村8组，树龄约300年，树高15米，胸围280厘米，雄株，不结果。其历经战乱火灾劫难，如今依然保持强大生命力，成了镇村之宝树。

襄阳市林业科学技术推广站 解志军 摄于隆中植物园

黄檀 *Dalbergia hupeana* Hance

黄檀为豆科黄檀属植物，落叶乔木。黄檀生命力旺盛，对立地条件要求不严，在陡坡、山脊、岩石裸露、干旱瘦瘠的地区均能适生，为阳性深根树种，具根瘤，能固氮，是荒山荒地的先锋造林树种。天然林生长较慢，人工林生长快速。黄檀发芽展叶很晚，不会与春季相逢，南方一些地区称之为“不知春”。其木材含有芳香油，可提供制作上好香料。黄檀木材坚韧、致密，可制作各种负重力及拉力强的用具及器材；树形优美，可作庭荫树、风景树、行道树应用，也可作为石灰质土壤绿化树种；花香，开花能吸引大量蜂蝶，可作蜜源；果实可以榨油；其根皮于夏、秋季采挖，味辛、苦，行平，小毒，具有清热解毒、止血消肿之功效。

老河口市自然资源和规划局 高明玉 提供

皂荚 *Gleditsia sinensis* Lam.

皂荚树，又称皂角树，是豆科皂荚属植物，落叶乔木或小乔木。皂荚俗称刀皂、牙皂、皂角、猪牙皂等，是襄阳市常见的乡土树种。皂荚树上长满了粗壮的尖刺，刺常分枝呈圆锥状生长，有的刺长达 16 厘米。生长在乡村的孩童打小就有爬树的爱好，然而对皂荚树却是唯恐避之不及的。皂荚刺虽然可怕，确是一种难得的中药材，不仅仅是刺，其果荚、皂荚米（籽）均可入药，有祛痰通窍、镇咳利尿、消肿排脓、杀虫治癣之效；荚果煎汁可代肥皂用以洗涤丝毛织物；嫩芽油盐调食，其籽煮熟糖渍可食；木材坚硬，可作家具用材。皂荚树适应性强、耐粗放管理，树冠大绿荫浓，树干笔直，前期生长速度快，寿命可长达 600 年以上。现在很多大中城市选择皂荚树作为行道树或者公园园林绿化树木。有些地方认为皂荚树有辟邪、调和风水的功效，称之为“黑煞神”“将军树”。一些居民喜欢将皂荚树种植在庭院，既美观又可保平安，寓意吉祥。

襄阳市林业科学技术推广站 康真 摄于襄城区荆州古治街

刺槐 *Robinia pseudoacacia* L.

刺槐是豆科刺槐属植物，落叶乔木。刺槐俗称洋槐，属外来引进树种，原产美国东部，17 世纪传入欧洲及非洲。我国于 18 世纪末从欧洲引入青岛栽培，现全国各地广泛栽植，是襄阳市常见树种。其生长快，萌芽力强，是速生薪炭林树种。刺槐花白色，蝶形花，总状花序下垂，气味芳香。我国一些地方每年 4—5 月在刺槐花开时节，都有采花做槐花饭的习俗。槐花性凉，不易贪多，脾胃虚寒的人不宜食用。刺槐根系浅而发达，易风倒，适应性强，为优良固沙保土树种；材质硬重，抗腐耐磨，宜作枕木、车辆、建筑、矿柱等多种用材；槐花可入药，具有清热、凉血、止血、降压的功效，又是优良的蜜源植物。

图中这株刺槐位于荆州古治街口，在修建古治街时得以保留，是襄阳人民具有植物保护意识的反映。

襄阳市林业科学技术推广站 梁传波 摄

国槐 *Styphnolobium japonicum* （L.） Schott

槐为豆科槐属植物，落叶乔木。槐俗称蝴蝶槐、国槐、金药树、豆槐、槐花树、槐花木。槐树原产中国，一般称之为国槐，是常见的乡土树种。在襄城区习家池、襄州区邵棚村、谷城承恩寺等地均有树龄百年以上老槐树，在襄城区长虹南路和滨江路种有大量国槐树。槐树的花为黄白色，花序呈圆锥状，荚果奇特，像串珠一样。槐树树冠优美，花芳香，是行道树和优良的蜜源植物。其花和荚果可入药，有清凉收敛、止血降压的作用；叶和根皮有清热解毒的作用，可治疗疮毒；木材可供建筑用。

襄阳市林业科学技术推广站 解志军 摄于襄城欧庙镇新街村

苦楝 *Melia azedarach* L.

楝是楝科楝属植物，落叶乔木。楝树俗称苦楝树、金铃子、川楝子、紫花树、苦楝等。它是襄阳市常见乡土树种。楝树的皮和叶子很苦，连虫都不敢咬，也许这就是它名字的来历。苦楝的果期在每年的10—12月，果熟时由青色变为金黄色，所以也被称为“金铃子”，也叫“楝实”。其果实的味道不仅苦涩，而且有毒，人类食入果实6~8颗即可引起中毒。很多人在孩童时期，经常采摘楝果作为弹弓的子弹和小伙伴们嬉戏。楝树生长迅速，对土壤要求不高，在酸性土、中性土与石灰岩地区均能生长，是平原及低海拔丘陵区的良好造林树种，在村边路旁种植更为适宜。其木材纹理粗而美，质轻软，有光泽，施工易，是制作家具、建筑、农具、舟车、乐器等的良好用材；楝树鲜叶可灭钉螺和作农药，根皮可驱蛔虫和钩虫，但有毒，用时要严遵医嘱；根皮粉调醋可治疥癣，用苦楝子做成油膏可治头癣；果核仁油可用于制油漆、润滑油和肥皂。

襄阳市林业科学技术推广站 刘藕莲 摄于襄城区落轿街

香椿 *Toona sinensis* (A. Juss.) Roem.

香椿是楝科香椿属植物，落叶乔木。香椿俗名有香椿芽、香桩头、春甜树、春阳树、椿等。因其幼芽嫩叶芳香可口，可供蔬食而被广泛种植。臭椿与香椿外形相似，容易弄混淆，其实两种树差异比较大，仔细观察还是很容易辨别的。香椿和臭椿虽都叫椿树，然而两者科属不同，香椿叶是偶数羽状复叶，臭椿叶则是奇数羽状复叶；香椿叶揉碎后有一股悦人的香味，臭椿叶则是一股刺鼻的气味；香椿的树皮有纵裂，树皮可以条形剥离下来，臭椿树皮光滑，偶尔浅裂，不能剥下来；香椿果是蒴果，成熟后开裂，臭椿果是翅果，不开裂。香椿叶厚芽嫩，香味浓郁，可作为蔬菜栽植；木材黄褐色而具红色环带，纹理美丽，质坚硬，有光泽，耐腐力强，易施工，为家具、室内装饰品及造船的优良木材；根皮及果入药，有收敛止血、祛湿止痛之功效。

襄阳市林业科学技术推广站 解志军 摄

臭椿 *Ailanthus altissima* （Mill.） Swingle

臭椿是苦木科臭椿属植物，落叶乔木。臭椿俗称樗、黑皮樗、臭椿皮、大果臭椿等。它是襄阳市常见乡土树种。臭椿叶子揉碎后有明显的臭味，故得名臭椿。臭椿的翅果可以随风飘散，在合适的地方生根发芽，再加上它的适应能力强，在房前屋后的角落，甚至路边都能找到自己的落脚处。18 世纪臭椿被引入欧洲，进而再传至美国，然后是澳大利亚、新西兰等国，用作庭园树种或行道树。但是好景不长，它难闻的气味引起了人们的反感，而且它的寿命有限，一般只有五六十年，大树死后倒下，对周围的街道和房屋造成严重的威胁。在澳大利亚、南非和美国的一些州，臭椿已经被认定为入侵物种。臭椿虽气味难闻，但生态价值及经济价值却是极高的。臭椿在石灰岩地区生长良好，可作为石灰岩地区的造林树种，也可作为园林风景树和行道树。其木材黄白色，防电防腐性好，用途广泛；叶可饲椿蚕（天蚕）；树皮、根皮、果实均可入药，有清热利湿、收敛止痢等功效。

图中这株臭椿系襄阳市自然资源和规划局工会干部刘某的父辈于 20 世纪 60 年代所种植。在襄城滨江路改造时，施工单位欲进行砍树清理，被刘某的母亲劝止。如今该树已长成胸围 3 米、冠大叶浓的参天大树，树下成为游人休憩的一方净地。

繁花硕果篇

湖北鹿门寺国家森林公园樱花景观 中傲 提供

襄阳市林业科学技术推广站 陈小溪 摄于襄城区西街

玉兰 *Yulania denudata* （Desr.） D. L. Fu

玉兰为木兰科玉兰属植物，落叶乔木。玉兰俗名又称应春花、白玉兰、望春花、迎春花等，属早春观花树种。早春白花满树，艳丽芳香，是驰名中外的庭园观赏树种。玉兰一般是先开花后展叶，花白色、高洁，象征着真挚的情感。襄城区西街道路两侧绿化带内种植的就是玉兰，每年春季，满树的枝丫间朵朵白玉兰素雅白净，傲立枝头，不叶而花，微风中翘首蓝天，绝世而独立，恍若不食人间烟火的仙子。玉兰不仅观赏价值高，经济价值也极高。其材质优良，纹理直，结构细，可供家具、图板、细木工等用；花蕾入药与辛夷功效相同；花含芳香油，可提取配制香精或制浸膏；花被片可食用或用以熏茶；种子榨油供工业用。

保康县种苗站 余成绩 摄于保康紫薇广场

南紫薇 *Lagerstroemia subcostata* Koehne

南紫薇与紫薇同属千屈菜科紫薇属植物，落叶乔木或灌木。南紫薇俗称拘那花、苞饭花、九芎、蚊仔花、马铃花等。它是襄阳市山林中的常见树种。南紫薇花小，白色或玫瑰色，观赏价值一般，与紫薇外观相似，不易区分，主要从以下几个方面区分：南紫薇叶片为膜质，紫薇叶片为纸质；南紫薇花较小，生长密，颜色为白色或者玫瑰色，紫薇花大且艳丽；南紫薇为蒴果呈椭圆形，紫薇的蒴果为椭圆状球形或阔椭圆形，差异较大。南紫薇材质坚密，可作家具、细工及建筑用材；花可供药用，有祛毒消瘀之功效。

十堰科技学校 陈平 提供

石榴 *Punica granatum* L.

石榴是千屈菜科石榴属植物，落叶灌木或乔木。其叶翠绿，花大而鲜艳，故各地公园和风景区常有种植以美化环境。石榴是襄阳市常见果树之一。成熟的石榴皮颜色鲜红，常会自然裂开，露出晶莹如宝石般的籽粒，酸甜多汁。因其色彩鲜艳，子多饱满，常被用作喜庆水果，象征多子多福、子孙满堂，深受人们喜爱，多栽植于庭院内或公园中。石榴营养特别丰富，含有多种人体所需的营养成分，多吃石榴可预防冠心病、高血压，可达到健胃提神、增强食欲、益寿延年之功效；果皮入药，称石榴皮，味酸涩，性温，涩肠止血，可治慢性下痢及肠痔出血等症；根皮可驱绦虫和蛔虫；树皮、根皮和果皮均含多量鞣质，可提制栲胶。

图为襄阳市林业科学技术推广站和十堰科技学校联合选育的武当水晶软籽石榴。

长兴坤展园林 卓可祥 提供

流苏 *Chionanthus retusus* Lindl. et Paxt.

流苏树为木犀科流苏树属植物，落叶灌木或乔木。流苏树又名流疏树、茶叶树、六月雪、隧花木、萝卜丝花、牛筋子、乌金子等。其是我国特有的珍贵树种。襄阳市枣阳、宜城毗邻地带天然分布有大量流苏。流苏树形高大优美，枝叶茂盛，初夏满树白花，如覆霜盖雪，清丽宜人，是良好的庭园观赏植物。其木材坚重细致，质地优良，多用以制作算盘或器具等；嫩叶可当茶叶作饮料；果实含油丰富，可榨油，供工业用。

在中国人对植物的审美中，象征喜庆、吉祥、热情的红黄紫一直是主色调，而能使人放松、缓解疲惫，而带来静谧的白色却因和“丧”“孝”相牵连，常被疏远。现今流苏树开始在一线城市受到追捧。可以预见，流苏作为主流观赏树种，一定会焕发出强大的生机。

神农架林管局 冉超 提供

云锦杜鹃 *Rhododendron fortunei* Lindl.

云锦杜鹃为杜鹃花科杜鹃花属植物，常绿灌木或小乔木。它主要分布在襄阳市保康县歇马镇合作村。合作村位于保康县西南部，与宜昌兴山县交界，与神农架林区接壤，风景秀丽，空气清新，一年有 6 个月是高寒天，被称为襄阳的“西藏”。村内现有野生云锦杜鹃千余亩，生长在海拔 1 800 米左右的高山。云锦杜鹃古称“婆罗”，是我国特有的珍稀树种，具有树大（5~10 米高）、叶大（6 厘米 ×15 厘米）、花大（直径 15 厘米）的特点。保康云锦杜鹃群落地处全国云锦杜鹃分布区中心地，比北方开花早，比南方的花期长，比西方的花量多，比东方的花朵大，具有极高的观赏和科研价值。

襄阳市林业科学技术推广站 王文武 摄

蜡梅 *Chimonanthus praecox* （L.） Link

蜡梅是蜡梅科蜡梅属植物，落叶灌木。蜡梅俗称大叶蜡梅、狗矢蜡梅、狗蝇梅、腊梅、黄梅花、黄金茶、素心蜡梅、蜡木、卷瓣蜡梅等。它是襄阳市常见园林绿化树种。蜡梅花为黄色，花芳香。其先开花后展叶，花期长，秋冬季节开放，可延续至次年春季，是冬季少有的观花树种。蜡梅根、叶可药用，理气止痛、散寒解毒，可治跌打、腰痛、风湿麻木、风寒感冒、刀伤出血；花解暑生津，治心烦口渴、气郁胸闷；花蕾油可治烫伤。

全国首个野生蜡梅自然保护区保康野生蜡梅自然保护区面积 6 万余亩（1 亩等于 1/15 公顷），生长蜡梅 100 多万株，最大一株直径 27.5 厘米，高达 13.5 米，为世界之最。世界首个蜡梅精油萃取中心也在保康。

襄阳市林业科学技术推广站 康真 摄

紫荆 *Cercis chinensis* Bunge

紫荆是豆科紫荆属植物，落叶乔木或灌木。紫荆又称满条红，因其开花无固定部位，上至顶端，下至根枝，甚至在苍老的树干上也能开花而得名。其树皮和小枝灰白色；花紫红色或粉红色，2~10 余朵成束，簇生于老枝和主干上；荚果扁狭长形，绿色。紫荆宜栽于庭院、草坪、岩石及建筑物前，用于小区的园林绿化，具有较好的观赏效果。其树皮、木部、花、果实均可入药，有清热解毒，治风湿筋骨痛、瘀血腹痛等功效。

湖北绿恒生态园林有限公司 齐高春 提供

八月瓜 *Holboellia latifolia* Wall.

八月瓜为木通科八月瓜属植物，常绿木质藤本。八月瓜又名野香蕉和八月炸（因其果子在农历八月果熟开裂，当地常称之为八月炸），中药名称“预知子”。八月瓜果形似香蕉，富含糖、维生素 C 和 12 种氨基酸。其果味香甜，是无污染的绿色食品，越来越受到人们的关注。在南漳东巩等地有成片栽植的八月瓜果园。八月瓜不仅可食用，其果和根也有一定的药用价值，根可治跌打损伤、风湿骨痛，果可治疝气、子宫脱垂。

襄阳市林业科学技术推广站 王娟娟 摄于襄城区陈侯巷

铁冬青（红果冬青） *Ilex rotunda* Thunb.

铁冬青是冬青科冬青属植物，常绿灌木或乔木。铁冬青俗称救必应、红果冬青。铁冬青果子颜色鲜艳，即使在严寒的冬季也不易掉落，能为鸟儿提供食物，维持生命。其树冠高大，四季常青，秋冬红果累累，宜作庭荫树、园景树，亦可孤植于草坪、水边，列植于门庭、墙标、甬道，可作绿篱、盆景，果枝可插瓶观赏。铁冬青叶和树皮入药，凉血散血，有清热利湿、消炎解毒、消肿镇痛之功效；枝叶可作造纸糊料原料；树皮可提制染料和栲胶；木材可作细工用材。

神农架林管局 冉超 提供

柿 *Diospyros Khaki* Thunb.

柿为柿科柿属植物，落叶大乔木，一般称之为柿子树。其是襄阳市常见庭院绿化果树。柿子树并不是稀罕物，因其本身寓意极好，有年年岁岁，事事（“柿柿”）如意一说。院子足够宽敞的人家，常常会在自家前庭后院栽植，以期盼日子过得红红火火，事事安顺。柿子分为甜柿和涩柿两大类，甜柿直接可食用，涩柿则需要经过脱涩处理才能吃。针对少量的柿子，可以把它埋在米里，密封起来，过几天涩味也就脱去了；把柿子和苹果放在一起，装在塑料袋里也能够脱涩。柿子可提取柿漆（又名柿油或柿涩），用于涂渔网、雨具，填补船缝和作为建筑材料的防腐剂等；柿子、柿饼、柿霜均有一定的医药价值；柿树木材的边材含量大、收缩大、强度大、韧性强、表面光滑、耐磨损，可作家具、箱盒、装饰用材，以及提琴的指板和弦轴等；在绿化方面，柿树寿命长，可达300年以上；叶大荫浓，秋末冬初，霜叶染成红色，冬月，落叶后，柿实殷红不落，一树满挂累累红果，增添优美景色，是优良的风景树。

南漳县林业局 罗智勇 提供

油柿 *Diospyros oleifera* Cheng

油柿是柿科柿属植物，落叶乔木。油柿又称漆柿、青椑、乌椑、油茶柿、油绿柿、野柿、油料柿等。油柿具有很高的药用价值，柿果含碘较高，多食可防甲状腺肥大；柿霜是一种甘露醇，可作清热剂、治口疮、肺热咳嗽；柿果可制果酒、果汁、果醋、果干、柿蜜，未熟柿果单宁多，可制柿漆；柿叶可制柿叶茶，有解热、降血压之功效；柿蒂（宿存花萼）、树皮、根均可入药。

图中油柿位于南漳县东巩镇苍坪村蔡家垭，树龄约 214 年，树高 12 米，胸围 220 厘米，平均冠幅 14 米。据当地住户回忆，抗日战争时，侵华日军过南漳，在此处停留，抢夺百姓粮食、牲畜，在树下烤家禽。历经磨难的古树被日军火烧的痕迹依然留存，虽然没有了主干，半边树皮也烧没了，却依然顽强生长且长势旺盛，年年硕果累累，结的果子小小的，甜如蜜，吃过的人都忘不了它的味道。

襄阳市林业科学技术推广站 赵妍婕 摄

瓶兰花（金弹子） *Diospyros armata* Hemsl.

瓶兰花为柿科柿属植物，常绿灌木或小乔木。瓶兰花之花、果美丽，宜植于庭园观赏，宜于制作树桩盆景。因其果经久不落，形似弹丸，故名“金弹子”。果不可以食用，有微毒。金弹子因雌雄异株，所以有挂果和不挂果两种，从树形、树干皮色、叶形、叶色、叶脉分析，都不能准确断定树的雌雄，只有观察金弹子的花朵，才能准确区别雌雄。雄株开花时每个叶芽下有两个以上花朵，花形像小灯笼一样，花蒂无爪，花朵张开可见雄性花蕊和花粉；雌株开花时每个叶芽下只有 1~2 个花朵，形体比雄花大，四叶花爪包着花心呈三角形，花开后花爪张开像柿子花一样，花朵里面可见幼果。

襄阳市林业科学技术推广站 敖吉群 摄

枣 *Ziziphus jujuba* Mill.

枣是鼠李科枣属植物，落叶小乔木，稀灌木。其是襄阳市常见果树之一。枣的果实味甜，含有丰富的维生素 C，除供鲜食外，常可以制成蜜枣、红枣、熏枣、黑枣、酒枣及牙枣等蜜饯和果脯，还可以作枣泥、枣面、枣酒、枣醋等，为食品工业原料。枣又可药用，有养胃、健脾、益血、滋补、强身之效；枣仁和根均可入药，枣仁可以安神，为重要的药品之一。枣树花期较长，芳香多蜜，为良好的蜜源植物。枣树最易得的病害是枣疯病，一旦发病，翌年就很少结果；发病 3~4 年后即可整株死亡，对生产威胁极大。若要大面积种植枣树，就要注意该病害的防治。

襄州区林业发展中心 王星火 提供

中华猕猴桃 *Actinidia chinensis* Planch.

中华猕猴桃为猕猴桃科猕猴桃属植物，大型落叶藤本。中华猕猴桃俗称猕猴桃、藤梨、羊桃藤、羊桃、阳桃、奇异果、几维果等，是我国特有的藤本果种。因其浑身布满细小绒毛，很像桃，而猕猴喜食，故有其名。其也是襄阳市山林中常见野生水果之一。中华猕猴桃原产于中国，栽培和利用至少有 1 200 年的历史，是一种闻名世界、富含维生素 C 等营养成分的水果和食品加工原料。中华猕猴桃为雌雄异株，想要在房前屋后栽植几株，一定要记得雌雄株搭配栽植，才能结出美味的猕猴桃果实。

襄阳市林业科学技术推广站 解志军 摄于万山梅花园

梅 *Prunus mume* siebold & Zucc.

梅为蔷薇科李属植物，落叶小乔木，稀灌木。梅原产于我国南方，已有 3 000 多年的栽培历史，无论作观赏或果树均有许多品种。其许多类型不但露地栽培供观赏，还可以栽为盆花，制作梅桩。梅的花期多在冬春季，是典型的冬季观花树种。在襄城区万山梅花园栽植有大面积梅花，每到冬春季，红的、粉的、绿的、白的，争相开放，吸引大量市民群众前来赏花。梅不仅观赏价值高，还有很多经济药用价值。梅花可提取香精，花、叶、根和种仁均可入药；果实可食、盐渍或干制，或熏制成乌梅入药，有止咳、止泻、生津、止渴之效；梅又能抗根线虫危害，可作核果类果树的砧木。

襄阳市林业科学技术推广站 王文武 摄

木瓜 *Chaenomeles sinensis* （Thouin） Koehne

木瓜是蔷薇科木瓜海棠属植物，落叶灌木或小乔木。木瓜俗名有海棠、木李、榠楂等。其是襄阳市常见的庭院及园林绿化树种。提到木瓜，人们的第一反应是吃的水果木瓜。但此木瓜非彼木瓜，超市常卖的木瓜是番木瓜科番木瓜属植物，原产于东南亚，17 世纪明朝后期时传入中国，因外形与中国木瓜相似，故名“番木瓜”，同样可以食用和药用，但不供观赏。本地木瓜习见栽培供观赏。其果实味涩，水煮或浸渍糖液中供食用，在谷城茨河镇有糖渍木瓜这一小吃；木瓜果入药有解酒、祛痰、顺气、止痢之效；木瓜果味香甜，放室内、衣帽间可作天然熏香，果皮干燥后仍光滑，不皱缩，故有光皮木瓜之称；木材坚硬可作床柱用。

襄阳市林业科学技术推广站 习心军 摄

梨 *Pyrus* spp

梨是蔷薇科梨属植物，落叶乔木或灌木。梨是襄阳市常见果树之一，一般栽植于房前屋后。在襄阳市老河口、襄州、谷城等地均有大面积梨园。梨的果实通常用来食用，不仅味美汁多，甜中带酸，而且营养丰富，含有多种维生素和纤维素。不同品种的梨味道和质感完全不同。梨既可生食，也可蒸煮后食用。在医疗功效上，梨可以通便秘、利消化，对心血管也有好处。在民间，梨还有一种疗效，把梨去核，放入冰糖，蒸煮过后食用可止咳。梨除了作为水果食用以外，梨树还可以观赏。

襄阳市林业科学技术推广站 朱长红 摄

桃 *Prunus persica* L.

桃是蔷薇科李属植物，落叶小乔木。桃树也是襄阳市常见果树之一，尤其在枣阳、老河口、襄城等地种植有大面积桃园。枣阳市因大力发展高效、高产桃产业被授予“中国桃之乡”的光荣称号。桃子素有“寿桃”和“仙桃”的美称，因其肉质鲜美，又被称为“天下第一果”。桃子果实多汁，可以生食或制桃脯、罐头等，核仁也可以食用。桃树干上分泌的胶质，俗称桃胶，可食用，也供药用，有破血、和血、益气之功效。桃有多种品种，一般果皮有毛，油桃的果皮光滑。蟠桃果实呈扁盘状；碧桃是观赏花用桃树，有多种形式的花瓣。

襄阳山樱桃

襄阳市林业科学技术推广站 格桑卓嘎 摄

樱桃 *Prunus pseudocerasus* （Lindl.） G. Don

樱桃是蔷薇科樱属植物，落叶小乔木。樱桃又称车厘子、荆桃、莺桃、楔桃、樱珠、含桃、玛瑙等。我国华东和河北、山西、河南、湖北、四川等地均有栽培。夏初果实成熟时采收，洗净鲜用。樱桃成熟时颜色鲜红，玲珑剔透，味美形娇，营养丰富，医疗保健价值颇高。我国作为果树栽培的樱桃有中国樱桃、甜樱桃、酸樱桃和毛樱桃。樱桃成熟期早，有早春第一果的美誉。据说黄莺特别喜好啄食这种果子，因而名为“莺桃”。其果实虽小如珍珠，但色泽红艳光洁，玲珑如玛瑙宝石一样，味道甘甜而微酸，既可鲜食，又可腌制或作为其他菜肴食品的点缀，备受青睐。

襄阳本地有一种樱桃名为襄阳山樱桃，与樱桃最明显的区别是：山樱桃多为花叶同开，即开花的同时展叶，而樱桃则一般是先开花后展叶。

彩叶斑斓篇

薤山国家森林公园黄栌秋色景观 申傲 提供

襄阳市林业科学技术推广站 陈小溪 摄

银杏 *Ginkgo biloba* L.

银杏树是我国特有的古老的孑遗树种，千百年来我国人民对银杏树情有独钟，在中华大地形成了崇拜银杏的文化现象。银杏在襄阳市分布广泛，尤其是南漳地区，是襄阳市银杏古树分布最多的县。银杏因其树形优美、叶型独特，被大量地繁殖应用，在城市道路、公园、寺庙、庭院绿化中随处可见。然而银杏却被列入濒危植物，这是什么原因呢？原来银杏类曾在恐龙时代盛极一时。那时，不同属、种的银杏“兄弟”类目繁多，遍布南北半球，是一个庞大的家族。但从一亿年前起，有花植物快速崛起，银杏家族便走向衰落，而现生银杏是古老银杏家族中唯一幸存的成员。

随手捡起一片银杏树叶——扇形带凹缺的叶片，有时深裂为二，与上亿年前的银杏叶片化石相比，几乎没有任何形态变化，这些相同基因的银杏几乎可以算作一棵。虽然银杏树依然存活于世，但已进入演化衰落期。于是就有一种说法：通过扦插、嫁接等无性繁殖的银杏由于亲缘太近，无法增加其基因多样性，抗逆性就差，一旦自然界暴发一场针对银杏树的疫病，它们就会因病毒感染而死亡。

襄阳市野生鸟类保护协会 徐方东 摄于南漳县薛坪镇

枫香 *Liquidambar formosana* Hance

枫香树为蕈树科枫香树属植物，落叶乔木，常见于山林之中。枫香树耐火烧，萌生能力极强，是次生林的优势树种。枫香树叶片为掌状3裂，与三角槭叶片相似，常被误认为是三角槭。枫香树与三角槭的区别主要体现在叶子、花朵、果实上。枫香树的叶片是薄革质的，上面的深裂程度比较深，基部呈心形，而三角槭的叶片是纸质的，深裂低；枫香树花色为红色，而三角槭花色为黄绿色；枫香树的果实为木质蒴果，呈球形，而三角槭果实是黄色的翅果。枫香树树形高大、优美，常被用作园林绿化树种；其药用价值较高，树脂供药用，能解毒止痛，止血生肌；其根、叶及果实亦入药，有祛风除湿、通络活血之功效；木材稍坚硬，可制家具及装贵重商品的箱子。

图中枫香树位于南漳县薛坪镇栗林坪村龙泉湾，树龄650年，树高17米，胸围420厘米，平均冠幅20米，干型通直，树姿雄伟，直插云天。

南漳县林科所 王明 摄

盐麸木 *Rhus chinensis* Mill.

盐麸木是漆树科盐麸木属植物，落叶小乔木或灌木。盐麸木俗称肤连泡、盐酸白、盐肤子、肤杨树、角倍、倍子柴等。盐麸木是山林中常见树种。辨别盐麸木主要从叶上观察，其叶轴有宽的叶状翅且小叶自下而上逐渐增大。盐麸木是五倍子蚜虫寄主植物，在幼枝和叶上形成虫瘿，即五倍子，可供鞣革、医药、塑料和墨水等工业上用；幼枝和叶可作土农药；果泡水代醋用，生食酸咸止渴；种子可榨油；根、叶、花及果均可供药用。入冬后，盐麸木叶果俱红，色彩绚丽，是一种良好的观赏树种。其嫩茎叶可食用，是良好的野生蔬菜；其果实外皮有一层白霜，味道酸咸，在食盐奇缺的年代，人们用以替代盐来调味饭菜，“盐麸木”由此得名。

襄阳市林业科学技术推广站 王文武 提供

黄栌 *Cotinus coggygria* Scop.

黄栌是漆树科黄栌属植物，落叶灌木。黄栌俗称红叶、路木炸、浓茂树，是襄阳市山林中常见树种。黄栌是我国重要的观赏红叶树种，叶片秋季变红，鲜艳夺目。著名的北京香山红叶就是该树种。其在园林中适宜丛植于草坪、土丘或山坡，亦可混植于其他树群尤其是常绿树群中。黄栌开花后久留不落的不孕花的花梗呈粉红色羽毛状，在枝头形成似云似雾的景观。黄栌经济价值较高。其木材为黄色，在古代用作黄色染料；树皮和叶可提栲胶；叶含芳香油，为调香原料；嫩芽可炸食。

襄阳市林业科学技术推广站 康真 摄于襄城区张公祠

三角槭 *Acer buergerianum* Miq.

三角槭是无患子科槭属植物（原槭树科槭属），落叶乔木。三角槭俗称三角枫，是常见乡土树种。野生种多分布于宜城、枣阳地区。三角槭树冠较狭窄，多呈卵形；树皮呈块状剥落，内皮黄褐色；叶形秀丽，宛如鸭蹼，入秋变暗红或橙黄，为营造秋季色叶景观的好材料，是优良的行道树，也适于庭园绿化，可点缀于亭廊、草地、山石间。其老桩奇特古雅，是著名的盆景材料。槭类的果实有一对翅膀，宛如一只绿蝶，在熟落时可增加风阻，可以飘向更远的地方，这也是植物在亿万年的进化中累积下来的强大的竞争优势。

上图中的三角槭位于襄城区庞公办事处胜利街榕庭宾馆，树龄约 320 年，树高 18 米，胸围 390 厘米，平均冠幅 16 米，树冠圆润、饱满，长势旺盛。古树旁有一座仿古建筑，为张公祠遗址。张公祠是为纪念唐朝宰相张柬之修建的。据说襄阳老龙堤就是他主持修筑的。祠宇始建于明代，1940 年前为四合院，十二间房屋，中华人民共和国成立后先后被该市林场、农业局，省气象学校占用，经多次拆改，遗址石刻荡然无存。而今，仅存的这棵 300 多年树龄的三角槭尚能作为千载之后凭吊一代名相张柬之的证物。

漳河源自然保护区 尹德军 提供

五角枫 *Acer pictum subsp. mono* （Maxim.） H. Ohashi

五角枫与三角槭同属无患子科槭属植物（原槭树科槭属），落叶乔木。五角枫俗称五角槭、地锦槭、水色树、色木槭、秀丽槭等，是山林中常见彩叶树种。五角枫秋叶变亮黄色或红色，适宜做庭荫树、行道树及风景林树种。五角枫枝干含水量大，含油量小，不易被点燃和燃烧。其枯枝落叶分解较快，有利于迅速减少林内可燃物载量，改变起火环境，因此，五角枫也是阻隔林火蔓延较理想的防火树种。

襄阳示范苗圃 程泽运 敖健 提供

血皮槭 *Acer griseum* （Franch.） Pax

血皮槭为无患子科槭属植物，落叶乔木。血皮槭又称马梨光、陕西槭、秃梗槭。其在襄阳市山林有自然分布。树皮薄纸状剥裂，奇特可观。血皮槭树皮色彩奇特，观赏价值极高。叶变色于 10 月、11 月，从黄色、橘黄色至红色。落叶晚，是槭树类中最优秀的树种之一，常被作为庭园主景树；木材坚硬，可制各种贵重器具，树皮的纤维良好，可以制绳和造纸。

襄阳市馨泽林园艺有限公司 吴涛 提供

鸡爪槭 *Acer palmatum* Thunb.

鸡爪槭与五角枫同属无患子科槭属植物（原槭树科槭属），落叶小乔木。鸡爪槭因其叶呈掌状，通常 7 裂，又称之为七角枫。其叶缘呈锯齿状，先端锐尖或长锐尖，特别像鸡脚爪，此为它中文名字的由来。鸡爪槭夏季叶片绿色，秋季变红，是常见的园林彩叶树种和庭院树种。在襄城区南街道路两侧绿化带内栽植的就是鸡爪槭，还有一种四季叶片都红的小乔木是红枫。红枫是从鸡爪槭里选育出来的园艺品种，与鸡爪槭的主要区别在于：红枫的叶子一直是红色；鸡爪槭只在深秋时才会转红，夏季以绿色为主基调。

襄阳市林业科学技术推广站 陈小溪 摄

水杉 *Metasequoia glyptostroboides* Hu & W. C. Cheng

水杉为柏科水杉属，是我国特有的而世界上珍稀的孑遗植物，有“活化石”之称。水杉属在中生代白垩纪和新生代有6~7种。过去认为它早已绝灭，1941年我国植物学者在四川万县（今重庆市万州区）谋道溪（今称磨刀溪）首次发现这一闻名中外的古老珍稀孑遗树种。据近年调查，重庆万州、重庆石柱县、湖北利川和湖南龙山、桑植均发现300余年的巨树。水杉生长速度快，对环境条件的适应性较强，材质轻软，可供建筑、板料、造纸等用；其树姿优美，为庭园观赏树。自水杉被发现以后，尤其在中华人民共和国成立以后，在全国各地普遍引种。襄阳市水杉主要种植于水系旁、庭院、学校、公园等地。

南京林业大学 曹加杰 提供

池杉 *Taxodium distichum var. imbricatum* （Nuttall） Croom

池杉为柏科落羽杉属植物，落叶乔木。池杉俗称沼落羽松、池柏、沼杉。它是襄阳市常见水系绿化树种，在隆中植物园、襄阳公园水系旁栽植的就有池杉。池杉耐湿性很强，长期淹在水中也能较正常地生长。它喜光不耐阴，抗风性很强，萌芽性很强，生长势旺，适生于水滨湿地条件，常用为低湿地的造林树种或作庭园树。树形婆娑，枝叶秀丽，秋叶棕褐色，是观赏价值很高的园林树种。池杉木材重，纹理直，结构较粗，硬度适中，耐腐力强，可作建筑、电杆、家具、造船等用。

珍木良材篇

宜城市国有长北山林场三角枫省级林木种质资源库秋色景观　申傲　提供

襄阳市林业科学技术推广站 康真 摄于万山梅花园

麻栎 *Quercus acutissima* Carr.

麻栎是壳斗科栎属植物，是山林中常见的落叶树种。当地人多称之为花栎树。在襄城西郊靠近隆中处有一个村落就叫花栎木店，村庄依山傍水，大概是曾经此处栎树较多，村落便因此而命名。麻栎木材为环孔材，边材淡红褐色，心材红褐色，材质坚硬，纹理直或斜，耐腐朽，可供枕木、坑木、桥梁、地板等用材；叶含蛋白质13.58%，可作柞蚕饲料；种子含淀粉56.4%，可作饲料和工业用淀粉；壳斗、树皮可提取栲胶；粉碎的木材还可作菌菇袋料；麻栎还是一种很好的防火树种，可作防火林带。

南漳县林业局 罗智勇 提供

栓皮栎 *Quercus variabilis* Blume

栓皮栎与麻栎一样，同属壳斗科栎属植物。两种树因为长得非常像，常被误认为是同一种，很多人区分麻栎和栓皮栎是通过观察树皮有没有厚厚的木栓层，或者下雨后树皮是不是会发软来区别，认为拥有这些特点的就是栓皮栎，没有就是麻栎。实际上对一般人来说很难区分，很多麻栎的树皮也是厚厚的，下雨后栓皮栎的树皮也不是都会出现发软的情况。其实区分两者最好的办法是看叶片，栓皮栎叶背密生灰白色星状毛，麻栎叶背绿色，无毛或微有毛。栓皮栎的经济价值和麻栎基本相同，唯一的区别是栓皮栎的木质层发达，可以做软木。

襄阳市林业科学技术推广站 康真 摄于隆中植物园

槲栎 *Quercus aliena* Blume

槲栎与栓皮栎、麻栎一样，同属壳斗科栎属落叶植物。其常见于山林地，别名有大叶栎树、白栎树、青冈树、橡树等。槲栎与栓皮栎和麻栎最好区分的地方是叶片大，叶片边缘是波浪状钝齿，而麻栎和栓皮栎叶边缘均是刺芒状锯齿。槲栎的经济价值和麻栎、栓皮栎基本相同，木材好，叶片蛋白质含量高，可作饲料，壳斗、树皮可提取栲胶。

襄阳市林业科学技术推广站 李正刚 提供

刺叶高山栎 *Quercus spinosa* David ex Franchet

刺叶高山栎为壳斗科栎属植物，常绿灌木或小乔木。刺叶高山栎又称铁橡树、刺青冈、铁麻子树等。其在襄阳市山区广泛分布。南漳县有一棵树龄约为600年的刺叶高山栎。刺叶高山栎木材极为坚硬，木材通常作为木匠的刨身、农具柄、工具柄、木梭等耐磨用材，也是烧木炭的优质原料；种子含淀粉；壳斗和树皮含鞣质，可治癣、肝炎等。

襄阳市林业科学技术推广站 康真 摄于谷城赵湾

青冈 *Quercus glauca* Thunb.

青冈为壳斗科青冈属常绿乔木，在我国主要分布于秦岭以南至华南及西藏等地区，是常绿阔叶林和常绿落叶阔叶混交林的重要组成树种，也是该科常绿树种中较为耐寒的类群。其在襄阳市主要分布在南漳、保康、谷城三县。它的种仁去涩味可制豆腐及酿酒；树皮及壳斗可提取栲胶；木材硬重，强度大，耐腐，为桥梁、胶合板、车辆、农具等优良用材。

图为谷城赵湾渔坪村青冈群落保护现状。

襄阳市林业科学技术推广站 解志军 摄于谷城庙岗

朴树 *Celtis sinensis* Pers.

朴树是大麻科朴属植物（原榆科朴属），是山林中常见的乡土树种。朴树最有特色也是最好辨认的特点是果单生叶腋，即一片叶子下方有一个果子，偶尔也会出现 2~3 个果子集生在叶腋。朴树经济价值较高，木材可供建筑和制作家具等用；树皮纤维可代麻制绳、织袋，或为造纸原料；种子油可制肥皂或作滑润油。

图中这株古朴树长于谷城庙岗村，树龄 400 年，胸围 370 厘米，冠幅 28 米。该树位于汉江之滨，因新集水电项目将被淹没，襄阳市自然资源和规划局以“保护优先，绿色发展”的宗旨，组织专家 30 次到现场，经过选址、采挖、吊装、运输、养护一条龙“服务”，使这株古朴树平安迁移，此举被传为佳话。

襄阳市林业科学技术推广站 浦长杰 提供

青檀 *Pteroceltis tatarinowii* Maxim.

青檀是大麻科青檀属植物（原榆科青檀属），落叶大乔木。青檀在襄阳市分布广泛，在南漳鱼泉河和麻城河均有上千年青檀古树。青檀辨识度较高的点是果子近圆形，像个小蝴蝶，有翅膀，黄绿色或黄褐色，翅宽，稍带木质，具宿存的花柱和花被。青檀经济价值较高，如：树皮纤维为制宣纸的主要原料；木材坚硬细致，可供作农具、车轴、家具和建筑用的上等木料；种子可榨油，树供观赏用。关于青檀是造纸原料还有这样一个传说：东汉安帝建光元年（121 年），东汉造纸家蔡伦死后，他的弟子孔丹在皖南以造纸为业，很想造出世上最好的纸，为师傅画像修谱，以表怀念之情，但年复一年难以如愿。一天，孔丹偶见一棵古老的青檀树倒在溪边。由于终年日晒水洗，树皮已腐烂变白，露出一缕缕修长洁净的纤维。孔丹取之造纸，经过反复试验，终于造出一种质地绝妙的纸来，这便是后来有名的宣纸。宣纸中有一种名叫“四尺丹”的品种，就是为了纪念孔丹，一直流传至今。

保康大水林场 周家旺 摄

漆树 *Toxicodendron vernicifluum* （Stokes） F. A. Barkl.

漆为漆树科漆树属植物，落叶乔木。漆俗称漆树、瞎妮子、山漆、小木漆、大木漆、干漆等。其树干韧皮部割取的汁液一般称作生漆或者大漆，是油漆工业最佳原料，有“涂料之王”的称号，属于性能极佳的一种纯天然涂料，拥有悠久的生产历史，而且品质优良，闻名于世。每年割漆的时间从四月到八月为宜，三伏天所割的漆质最佳，因为盛夏时水分挥发快，阳光充沛，产出的漆质量最好；每天日出之前是割漆的最好时机，漆农用蚌壳割开漆树皮，露出木质切成斜形刀口，将蚌壳或竹片插在刀口下方，令漆液流入木桶中后，以油纸密封保存。不仅漆树汁液可以利用，其种子油也可制油墨、肥皂；果皮可取蜡，做蜡烛、蜡纸；叶可提栲胶；叶、根可作土农药；木材供建筑用；干漆在中药上有通经、驱虫、镇咳的功效。需要注意的是漆树的汁液有毒，对生漆过敏者接触即引起皮肤红肿、痒痛，误食会引起强烈刺激，导致口腔炎、溃疡、呕吐、腹泻，严重者可发生中毒性肾病。

襄阳市野生鸟类保护协会 马志刚 摄于南漳长坪

粗糠 *Ehretia dicksonii* Hance

粗糠树是紫草科厚壳树属植物，落叶乔木。粗糠树别称破布子，是山林中常见树种。在襄城区羊祜山通往烈士纪念碑台阶两侧有自然分布的粗糠树。粗糠树叶片大，呈卵圆形，叶面上密生具基盘的短硬毛，极粗糙。如果你看到一株树，叶片大，有圆圆的小果子，叶片摸着粗糙蹭手，那应该就是粗糠树了。粗糠树叶和果实捣碎后加水可作土农药，防治棉蚜虫，红蜘蛛；树皮有散瘀消肿的功效，可治跌打损伤；叶片上面密被糙伏毛，下面被短柔毛，具有较强的吸附灰尘作用，可作城市绿化的优良树种；果实成熟时，一串串黄澄澄的小球果挂满枝头，又形成一道美丽的景象，蔚为壮观，可栽培供观赏；花白色，春季盛开时具有浓郁的芳香气味，为优良的蜜源植物之一。

图中粗糠树位于南漳县长坪镇政府院中，年龄约 500 年，树高 12 米，胸围 253 厘米，平均冠幅约 6 米。据当地居民介绍，这棵树因树干中间腐烂，长势变弱。2008 年春节，有小孩在其附近放鞭炮，有火星蹦到树洞中导致树干着火，因冬季干燥，再加上树干中空形成虹吸效应，火势迅猛如龙，难以扑灭，最后消防员来才将火扑灭。从那以后，这棵粗糠树如凤凰涅槃一样又慢慢恢复活力，长势旺盛。

襄阳市野生鸟类保护协会 黄秋生 摄于樊城清真寺

楸树 *Catalpa bungei* C. A. Mey

楸为紫葳科梓属植物，落叶小乔木。楸俗称金丝楸。其是襄阳市常见绿化树种。楸树树体端正，冠幅开展，象征着端庄、正直、宽容、大气，又因其花为紫色，寓意紫气东来，是著名的风水树，在城乡广为种植。楸树材质优良，用途广泛，经济价值高，居百木之首。其可用来加工高档商品和特种产品；楸树生长迅速，树干通直，可栽培作观赏树、行道树，可用根蘖繁殖；花可炒食，叶可喂猪；茎皮、叶、种子皆可入药，果实味苦性凉，清热利尿，主治尿路结石、尿路感染。

图中楸树位于樊城清真寺。据史料记载，修建樊城清真寺没多久，寺里就种下了两棵楸树。20 世纪 60 年代，一棵楸树受白蚁破坏，最终死亡，剩下了一棵。1948 年 7 月，樊城解放，仓皇退守襄城的国民党部队把军粮给养全部留在了樊城清真寺；1948 年底，眼看襄阳城守不住，他们决定炸掉留在樊城的给养，士兵架好炮，瞄准古楸树（古楸树是那一片的最高物体）发射，结果附近的房子倒了一大片，树却毫发未损。在樊城区旧城区改造过程中，为了保护这株古树，当地管理部门投入 400 万元对其进行就地保护，受到市民称颂。

保康县林业局 王波 提供

红豆杉 *Taxus wallichiana* var.*chinensis*

红豆杉别名紫杉，为红豆杉科红豆杉属常绿乔木，属我国特有树种、国家一级重点保护野生植物，是第四纪冰川遗留下来的古老孑遗树种，已有 250 万年历史。其枝叶、木材和种子含紫杉碱，可提取药物紫杉醇，对癌症和疑难杂症有特殊效果。木材纹理均匀，结构细致，硬度较大，坚实耐用，风干后极少开裂，是优良珍贵用材树种。耐阴性较强，枝叶四季常绿，能有效吸收空气中的有害气体，可作为盆栽和庭园置景绿化树木。目前，经考证的襄阳市第一大红豆杉位于保康县龙坪镇温坪村，胸围 198 厘米，树高 12 米。

南漳县林科所 王明 提供

铁坚油杉 *Keteleeria davidiana*

铁坚油杉又名铁坚杉，为松科油杉属常绿大乔木，属我国特有种。南漳县板桥镇冯家湾村夹马寨有近千亩自然分布的野生群落。其木材淡黄色，花纹美观，硬度适中，坚韧耐腐，不变形，易加工，为制作高档家具、装饰等的优质材。对环境条件要求不苛刻，宜生于砂岩、页岩或石灰岩山地，生长颇速，可作为造林和大径优质木材选择树种。其树形优美，可培育优雅的木本盆景，亦适用于城市园林绿化。

襄阳市野生鸟类保护协会 方湘安 摄于南漳巡检

马尾松 *Pinus massoniana*

马尾松是松科松属常绿大乔木，为喜光、深根性树种，能生于干旱、瘠薄的红壤、石砾土及沙质土，或生于岩石缝中，为荒山恢复森林的先锋树种。襄阳市马尾松栽植历史悠久，明清时期，鄂北民间就有“西风栽松、徒劳无功”的说法。马尾松是襄阳造林面积最大、保存面积最多的优势树种。因纯林多、管理差，近年来松材线虫危害严重，疫木清理成为每年林业工作的重要内容。木材淡黄褐色，纹理直，结构粗，有弹性，富树脂，耐腐力弱，可供建筑、枕木、矿柱、家具及木纤维工业（人造丝浆及造纸）原料等用；树干可割取松脂，为医药、化工原料；根部树脂含量丰富；树干及根部可培养茯苓、蕈类，可作为中药及食用，树皮可提取栲胶。

襄阳市自然资源和规划局 曾广林 提供

白皮松 *Pinus bungeana*

白皮松又称白骨松、三针松、虎皮松、蟠龙松，为松科松属常绿乔木，是我国特有树种和著名观赏树种。其树干皮斑驳，状如虎纹，针叶短粗，形状独特，极具阳刚之美。树形优雅，树姿优美，枝叶苍翠，四季常青，无论是孤植还是片植，无疑都是公共园林绿地建设、亭侧栽植、高档别墅庭院营造、庭院中堂前、生态修复造景中的一道亮丽风景线。其木质脆弱，纹理直，有光泽，花纹美丽，可供房屋建筑、家具、文具等用材；种子可食。南漳县李庙镇赵店村李家寨主峰上天然分布有成片的白皮松群落，2020 年被襄阳市自然资源和规划局认定为市级林木种质资源保存库。

保康大水林场 李官清 摄

华山松 *Pinus armandii*

华山松为松科松属植物，常绿乔木。华山松俗称五叶松、青松、果松、五须松、白松花等，主要分布在中高山地区。华山松材质优良、生长较快，可作为中高山地区造林树种；木材纹理直，材质轻软，树脂较多，耐久用，可供建筑、枕木、家具及木纤维工业原料等用材；树干可割取树脂；树皮可提取栲胶；针叶可提炼芳香油；种子可食用，亦可榨油供食用或工业用油。

保康大水林场有数千亩华山松人工林，2022 年 3 月经受了极端天气雨凇的考验，比日本落叶松表现出强大的抵抗防御能力，年产种子近 10 万斤（1 斤等于 500 克），目前正在申报省级采种基地。

襄阳市林业科学技术推广站 康真 摄于保康歇马镇

大果青杆 *Picea neoveitchii* Mast.

大果青杆是松科云杉属植物，常绿乔木。其为我国特有濒危树种，国家二级保护植物。大果青杆主要分布于湖北西部、陕西南部、甘肃南部及重庆等地。专家发现在其他地方分布的大果青杆自我繁殖能力非常弱，多呈单株存在，林下极少有小苗，而襄阳市保康120余株的古树群落下生长出近5 000株大小不一的新株。专家论断，保康可能是大果青杆的残遗中心。大果青杆木材呈淡黄白色，较轻软，纹理直，结构稍粗，可供建筑、电杆、土木工程、器具、家具及木纤维工业原料等用材。其亦可作分布区内的造林树种。

襄阳市林业科学技术推广站 康真 摄于万山梅花园

杉木 *Cunninghamia lanceolata*

杉木为柏科杉木属常绿乔木，是长江流域、秦岭以南地区栽培广、生长快、经济价值高的用材树种。其树干通直圆满，萌芽更新能力强。木材广泛用于建筑、桥梁、造船、家具等，有抗虫耐腐的效果，主要原因为树中含有杉脑。其自然整枝能力差，侧枝枯死后不易凋落而导致木材节疤多。

中交广州航道局有限公司 王孝强 提供

侧柏 *Platycladus orientalis*

侧柏为柏科侧柏属常绿乔木，又被称为岩柏、扁柏。其抗逆能力强，适合在气候寒冷、土壤条件一般的立地条件下生长，在偏酸性土壤上也可以生长良好。其材质致密却不坚硬，有着很强的耐磨性能，不易破裂，是北方地区城乡绿化、水土保持林造林的首选树种之一。

欧庙镇政府 徐波 提供

圆柏 *Juniperus chinensis*

圆柏又称桧柏，为柏科刺柏属常绿乔木或灌木。其树冠整齐圆锥形，树形优美，大树干枝扭曲，姿态奇古，园林上常用作造型树材料及绿篱。其根系尤为发达，对土壤的要求较低，可以吸收一定量的硫与汞，有很好的杀菌、吸尘以及隔音效果，常用作造林绿化树种。研究表明，圆柏化感作用对农田杂草尤其是禾本科杂草有抑制作用。

图中古圆柏位于襄城杨威中学梁家祠堂遗址。《欧庙乡志》记载，其为襄阳进士梁松植于1447年，历经570余年风雨仍通直饱满，叶色浓绿，生长旺盛。

襄阳市林业科学研究所 李兵 提供

瘿椒树 *Tapiscia sinensis*

瘿椒树为瘿椒树科瘿椒树属植物，落叶乔木。瘿椒树俗称银鹊树、丹树、瘿漆树、银雀树、皮巴风、泡花等，是我国亚热带植物区系中特有的古老树种，为省级保护植物。南漳漳河源省级自然保护区有天然分布的银鹊群落。其枝叶茂盛，树形优美，果实鲜艳，木材质轻、纹理美观，既是优良的园林绿化树种，又是珍贵的用材树种。

襄阳市野生鸟类保护协会 黄秋生 摄于保康寺坪

楠木 *Phoebe zhennan*

楠木俗名雅楠、桢楠，为国家Ⅱ级珍稀濒危保护植物。其是樟科楠属常绿大乔木，树干通直，叶终年不谢，为很好的绿化树种。木材有香气，纹理直而结构细密，不易变形和开裂，为建筑、高级家具等优良木材。楠木之所以珍贵，主要在于它的“大器晚成”，天然林20年才能长高5米，直到树龄达到开花结果期才进入旺盛生长阶段，此后30年是其黄金时代，生长量达总材积的90%。

谷城薤山林场 武庆功 摄

檫木 *Sassafras tzumu*（Hemsl.） Hemsl.

檫木是樟科檫木属植物，落叶乔木，为山林中常见的乡土树种。檫木俗称半风樟、鹅脚板等。檫木叶片奇特，叶片全缘或 2~3 裂，裂开的形状就像鹅掌一样，有些地方就以叶形取名，称之为鹅脚板。檫木经济价值较高，用途广泛。其木材呈浅黄色，材质优良、细致、耐久，多用于造船、水车及上等家具；根和树皮入药，活血散瘀，祛风去湿，可治扭挫伤和腰肌劳伤；果、叶和根尚含芳香油，根含油 1% 以上，油主要成分为黄樟油素，是制造洋茉莉醛、乙基香兰素等合成香料的主要天然原料，在工业上用途广泛。襄阳市薤山林场有大片檫木优良林分，现已着手建设省级采种基地。

襄阳市林业科学技术推广站 解志军 摄于谷城庙滩石库村

黑壳楠 *Lindera megaphylla* Hemsl.

黑壳楠为樟科山胡椒属植物，常绿乔木。黑壳楠俗称枇杷楠、大楠木、鸡屎楠、猪屎楠、花兰、八角香、楠木、毛黑壳楠等。其是襄阳市常见山林树种，在谷城县庙滩镇石库村自然分布有 1 500 余亩黑壳楠原生林。黑壳楠是我国亚热带地区常绿阔叶林的重要特征种，也是一种珍贵用材树种。该树种四季常青，树干通直，树冠圆整，枝叶浓密，青翠葱郁，秋季黑色的果实如繁星般点缀于绿叶丛中，观赏效果好，是有发展潜力的园林绿化树种；种仁含油近 50%，油为不干性油，为制皂原料；果皮、叶含芳香油，油可作调香原料；木材呈黄褐色，纹理直、结构细，可作装饰薄木、家具及建筑用材。

襄阳职业技术学院 张雪莲 提供

飞蛾槭 *Acer oblongum*

飞蛾槭为无患子科槭树属常绿（半常绿）乔木。其树形优美、枝叶茂密，叶、果清秀可爱，落果时景观独特，好似飞蛾蝶舞，是优良的园林绿化树种和观赏树种，孤植、丛植、片植皆宜。襄城区卧龙镇赵冲种畜场灵泉寺遗址（云岫村）有一株百年古树（110年），树高14米，胸围145厘米，枝叶繁茂，风起处叶两面绿白翻转变幻，甚是可爱。

宜城林木种苗站 任之金 提供

柞木 *Xylosma congesta*

柞木为杨柳科柞木属常绿大灌木或小乔木，又名红心刺、葫芦刺、蒙子树、凿子树，有些地方把栎属（*quercus*）植物统称为“柞树”，要加以区别。其材质坚实，纹理细密，材色棕红，供家具、农具等用；叶刺可供药用；树形优美，可供庭院美化和观赏等用；此外，它还是很好的蜜源植物。宜城市流水镇黄湾村有两株古树，当地人称之为“刺冬青”，其中一株树龄 150 年，树高 10 米，胸围 160 厘米，平均冠幅 10 米。为保护这两株古树，当地专门出资修建了树池。

襄阳市林业科学技术推广站 解志军 摄于隆中植物园

花榈木 *Ormosia henryi*

花榈木为豆科红豆属植物，常绿乔木。花榈木又名“花榈”，因其木纹有若鬼面者，亦类狸斑，又名“花狸”、花梨木，为国家Ⅱ级重点保护野生植物。花榈木木结花纹圆晕如钱，色彩鲜艳，纹理清晰美丽，可做家具及文房诸器。早在唐朝，花榈木就被广泛地使用，用花榈木制作成的器物更是受到人们的喜爱。

襄阳市林业科学技术推广站 苏运春 提供

水丝梨 *Sycopsis sinensis* Oliver

水丝梨是金缕梅科水丝梨属植物，常绿乔木。水丝梨俗称假蚊母，喜温暖湿润气候，对环境要求较严，自然分布数量较少，被列为湖北省级保护物种。在南漳县薛坪镇古树垭村一户人家门口有一株树龄500年的水丝梨。水丝梨树干通直，树形美观，终年常绿，并有红色的花朵，可作为庭园观赏树；木材供建筑及家具等用，也可用于培育香菇。

樊城区自然资源和规划局 胡建伟 提供

刺楸 *Kalopanax septemlobus* （Thunb.） Koidz.

刺楸是五加科刺楸属植物，落叶乔木。它俗名辣枫树、刺楸、茨楸、云楸、刺桐、刺枫树、鼓钉刺、毛叶刺楸等，是襄阳市山林中常见树种。其树皮呈灰黑色，纵裂，树干及枝上具鼓钉状扁刺，幼枝被白粉，单叶，在长枝上互生，在短枝上簇生，近圆形，5~7 掌状浅裂，花为白或淡黄色，果近球形，蓝黑色。刺楸木材纹理美观，有光泽，易施工，供建筑、家具、车辆、乐器、雕刻、箱筐等用材；根皮为民间草药，有清热祛痰、收敛镇痛之效。嫩叶可食；树皮及叶含鞣酸，可提制栲胶，种子可榨油，供工业用；刺楸春季的嫩叶采摘后可供食用，气味清香、品质极佳，是美味的野菜。

襄阳市林业科学技术推广站 解志军 摄于襄城姚庵村

白杜（丝绵木） *Euonymus maackii* Rupr

白杜是卫矛科卫矛属植物，落叶小乔木或灌木。白杜俗称丝绵木、桃叶卫矛、明开夜合、华北卫矛、桃叶卫矛等。其是襄阳市常见山林树种。白杜枝叶娟秀细致，姿态幽丽，秋季叶色变红，果实挂满枝梢，开裂后露出橘红色假种皮，甚为美观。庭院中可配植于屋旁、墙垣、庭石及水池边，亦可作绿荫树栽植。其根、茎皮、枝叶均可入药。

襄阳市林业科学技术推广站 解志军 摄于河南兰考焦裕禄纪念园

白花泡桐 *Paulownia fortunei*

白花泡桐为泡桐科泡桐属植物，落叶乔木。白花泡桐俗称通心条、饭桐子、大果泡桐、泡桐、白花桐等，是常见的四旁绿化树种。白花泡桐原产中国，适应性强，生长速度快，是速生树种。其树姿优美，花色美丽鲜艳，并有较强的净化空气和抗大气污染的能力，是城市和工矿区绿化的好树种；木材纹理通直，结构均匀，不翘不裂，易于加工，可供建筑、家具、人造板和乐器等用材；叶、花、果和树皮均可入药。

生态绿化篇

汉江国家湿地公园乡土树种景观 冯德全 提供

襄阳市林业科学技术推广站 刘艳清 提供

香樟 *Cinnamomum camphora*

香樟为樟科樟属常绿大乔木，树冠硕大，枝叶茂密，可用于防护林、风景林、行道树和庭荫树。香樟是我国南方传统四大名木之一，因其纹理致密美观，似“大有文章”，故名“樟”。其生命力顽强，幽香馥郁，自古就是辟邪、长寿、吉祥的象征。岘山森林公园三间房附近有成片古樟树群，平均树龄65年，平均树高25米，最大胸围325厘米。2018年初，襄阳市遭遇极端暴雪天气，全市樟树受冻害严重，唯独这片樟树林毫发无损，傲霜斗雪，展现了乡土树种对本地环境的适应能力和抵御能力。

襄阳市野生鸟类保护协会 方湘安 摄于南漳武安镇

重阳木 *Bischofia polycarpa* （Levl.） Airy

重阳木是叶下珠科秋枫属植物（原大戟科秋枫属），落叶乔木。重阳木是襄阳市常见树种，有不少别名，如因其湿材具有酸味，而得名“酸台树”，又因心材鲜红色至暗红褐色，而被称为“血树”；重阳木又叫作三叶木，这是因为重阳木的每片树叶上都生长着三个小叶片，因此而得名。重阳木不仅是很好的观赏树种，还具有改善环境、入药、提供能源等优点。其叶片宽大、平展，可以吸滞空气中的尘埃，还可吸音防噪，将其植于居民小区或学校、医院的庭园里，有很好的降尘、降噪效果；果实酸甜，可为鸟兽食物；木质坚硬，燃烧值高，是很好的能源树种；根、皮、枝、叶均可入药，能行气活血、消肿解毒，也可治无名肿毒。

图中重阳木古树位于南漳县武安镇双柏树村刘家湾，树高 10.5 米，胸围 548 厘米，平均冠幅 20 米，有 1 000 年树龄。其树冠巨大，浓荫密布，远望如重楼再现，有很好的庇荫效果。

中交广州航道局有限公司 严忠义 提供

龙柏 *Juniperus chinensis* Kaizuca

龙柏是圆柏的变种，树形通常为圆锥形，主枝延伸性强，叶片翠绿优美，侧枝排列紧密，耐修剪，常被攀盘成动物形象（如龙、马、象）或各种几何形状（如圆球形、鼓形），还具有很高的除尘效果和吸收多种有害气体的功能，适合作园林色块、公园、绿墙以及高速公路的隔离带，是园林绿化中使用量较大的常绿树种之一。柏木生命力旺盛，象征百财进门、健康长寿、万古长青，为历代文人墨客所钟爱。

襄阳市林业科学技术推广站 康真 摄于谷城薤山国家森林公园

柳杉 *Cryptomeria japonica* var.*sinensis*

柳杉是柏科柳杉属高大乔木。其树冠高大，树干通直，木材纹理直，材质轻软，是建筑、家具等优良材料，特别适于作蒸笼器具，是重要的用材树种。幼龄能稍耐阴，在温暖湿润的气候和土壤酸性、肥厚而排水良好的山地生长较快；在寒凉较干、土层瘠薄的地方生长不良。日本柳杉与其近似，在襄阳市也十分常见，但叶直伸、先端通常不内曲。

南漳县林科所 王明 提供

腺柳 *Salix chaenomeloides* Kimura

腺柳是杨柳科柳属植物，落叶小乔木。春季草木吐绿，它却姹紫嫣红；秋天万山红遍，它却青翠欲滴，极具观赏价值。腺柳材质轻，易切削，干燥后不变形，无特殊气味，可供建筑、坑木、箱板和火柴梗等用材；木材纤维含量高，是造纸和人造棉原料；柳条可编筐、箱、帽等；柳叶可作羊、马等的饲料；其为蜜源植物。腺柳喜水，可作湖泊、河流等湿地的防护林绿化树种。

图中这棵腺柳树位于南漳县板桥镇青龙寨村马家垭，生长在小河沟边，树龄有 1 000 年，树高 18 米，胸围 472 厘米，长势旺盛。

襄阳市林业科学技术推广站 朱长红 摄于阳春门公园

垂柳 *Salix babylonica* L.

垂柳俗名柳树，是杨柳科柳属植物，耐水湿，也能生于干旱处。垂柳多用插条繁殖。其为优美的绿化树种，常作为道旁、水边等绿化树种；木材可供制家具；枝条可编筐；树皮含鞣质，可提制栲胶；叶可作羊饲料。垂柳在襄阳市广泛分布。其看上去柔柔弱弱的样子，其实你小看它了，它很顽强。人们常说，“有心栽花花不开，无心插柳柳成荫”，说明柳树的生命力很顽强。在初春，只要你剪一段枝条，插进湿润的泥土里，过不了多久它就会成活；不需要你精心呵护，只要给它水、阳光和空气，它就会长成一片柳荫。

樊城区自然资源和规划局 胡建伟 提供

旱柳 *Salix matsudana* Koidz.

旱柳与垂柳一样，同属杨柳科柳属植物。两者的主要区别是：旱柳树干挺拔笔直，垂柳的树干婀娜多姿；旱柳的枝条都是向上或者斜上的方向生长，垂柳的枝条很细，柔软下垂；旱柳耐寒性极强，具有一定的耐旱性，湿地、旱地都可以存活，而垂柳喜欢温暖湿润的环境，耐寒不耐旱，不适合太干燥的环境。旱柳用种子、扦插和埋条等方法繁殖。其木材为白色，质轻软，供建筑器具、造纸、人造棉、火药等用；细枝可编筐；为早春蜜源树，又为固沙保土及绿化树种；叶为冬季羊饲料。

襄阳市林业科学技术推广站 解志军 摄

襄阳市林业科学技术推广站 摄于保康龙坪詹家坡

榉树 *Zelkova serrata*

榉树为榆科榉属植物，落叶乔木，又名光叶榉。榉树树姿端庄，高大雄伟，秋叶变成褐红色，是观赏秋叶的优良树种，可孤植、丛植于公园和广场的草坪、建筑旁作庭荫树；列植人行道、公路旁作行道树，降噪防尘。榉树苗期侧根发达，长而密集，耐干旱瘠薄，固土、抗风能力强，可作为防护林带树种和水土保持树种加以推广。其“榉”和“举”谐音，我国古代科考有举人、举子之名。相传，以前天门山有一秀才屡试屡挫，妻子恐其沉沦，与其约赌，在家门口石头上种榉树。有心者事竟成，果不其然，榉树竟和石头长在了一起，秀才最终也中举归来。因“硬石种榉”与“应试中举”谐音，故木石奇缘又含着祥瑞之征兆。

图中榉树位于保康龙坪詹家坡，树龄1400余年，高28米，需5人才能合抱，是襄阳市最大的榉树。

襄阳市林业科学技术推广站 解志军 摄于阳春门公园

华中枸骨 *Ilex centrochinensis* S. Y. Hu

华中枸骨为冬青科冬青属植物，常绿灌木。其枝叶稠密，叶形奇特，深绿光亮。它的根、枝、叶、果均可入药，具活络、清热滋补之功效。枸骨在襄阳市山坡谷地随处可见，人们常引入庭院做造型栽培。

襄阳市林业科学技术推广站 康真 摄于襄阳公园

合欢 *Albizia julibrissin* Durazz.

合欢是豆科合欢属植物，落叶乔木。合欢别名夜门关、马缨花、绒花树、夜合木、合昏、乌绒树等，是常见的园林绿化树种。到了晚上，合欢树叶子就会合起来，好似夫妻团聚，寓意是永远恩爱、两两相对，是夫妻好合的象征。合欢也被称为敏感性植物，被列为地震观测的首选树种。合欢有很高的观赏和医疗价值。其生长迅速，能耐砂质土及干燥气候，开花如绒簇，十分可爱，花叶清奇，绿荫如伞，常植为城市行道树、观赏树；其心材呈黄灰褐色，边材为黄白色，耐久，多用于制家具；嫩叶可食，老叶可以洗衣服；树皮供药用，有驱虫之效。

襄阳市林业科学技术推广站 康真 摄于襄阳公园

喜树 *Camptotheca acuminata* Decne.

喜树是蓝果树科喜树属植物，落叶乔木。喜树俗名千丈树、旱莲木。其常生于低海拔的溪边或林边，是常见的园林绿化树种。在襄阳公园沿城墙一侧栽植的就是喜树。喜树是我国特有树种，也是一种速生丰产的优良树种。喜树全身是宝，其果实、根、树皮、树枝、叶均可入药，含有抗肿瘤作用的生物碱，具有抗癌、清热杀虫的功能；果实含脂肪油19.53%，可榨油，供工业用；其木材轻软适于做造纸原料、胶合板、室内装修、日常用具等；喜树树干挺直，生长迅速，可作为庭院树或行道树，在20世纪60年代就已经是我国优良的行道树和庭荫树。

襄阳市国营林场 金珠 摄于习家祠

栾树 *Koelreuteria paniculata* Laxm.

栾树是无患子科栾属植物，落叶乔木。栾树又称灯笼树、摇钱树、大夫树、灯笼果、黑叶树、石栾树等。其是襄阳市常见行道树之一，樊城区长虹北路两侧栽植的行道树就是栾树。栾树春季嫩叶多为红叶，夏季黄花满树，入秋叶色变黄，果实紫红，形似灯笼，十分美丽。栾树适应性强、季相明显，是理想的绿化、观叶树种。目前已大量作为庭荫树、行道树及园景树，同时也作为居民区、工厂区及村旁绿化树种。栾树还可提制栲胶；种子可榨油；木材呈黄白色，易加工，可制家具；叶可作为蓝色染料；花供药用，亦可作黄色染料。

襄阳市林业科学技术推广站 康真 摄于西湾社区公园

无患子 *Sapindus saponaria* Linnaeus

无患子是无患子科无患子属植物，落叶乔木。无患子俗称洗手果、油罗树、目浪树、黄目树、苦患树、油患子等。其是常见的园林绿化树种及行道树。在襄城区琵琶山路中间绿化带内栽植的就是无患子，长门遗址公园靠近一桥上桥处也栽植了一片无患子林，每到秋季，满树黄叶，煞是好看。无患子的根和果入药，味苦微甘，有小毒，具有清热解毒、化痰止咳的功效；果皮含有皂素，可代肥皂，尤宜于丝质品之洗濯；木材质软，边材为黄白色，心材为黄褐色，可做箱板和木梳等。相传以无患子树的木材制成的法器可以驱魔杀鬼，因此名为“无患”，有幸福无忧、无灾难之意。

中交广州航道局有限公司 吴伟明 提供

七叶树 *Aesculus chinensis* Bunge

七叶树为无患子科七叶树属植物，落叶乔木。七叶树树干耸直，冠大荫浓，初夏繁花满树，硕大的白色花序又似一盏华丽的烛台，蔚然可观，是优良的行道树和园林观赏植物，可作人行步道、公园、广场绿化树种，既可孤植也可群植，或与常绿树和阔叶树混种。在欧美、日本等地将七叶树作为行道树、庭荫树广泛栽培，北美洲将红花或粉花及重瓣七叶树园艺变种种在道路两旁，花开之时风景十分美丽。其种子可食用，但直接吃味道苦涩，需用碱水煮后方可食用，味如板栗，也可提取淀粉；种子亦可作药用，榨油可制造肥皂；木材细密，可制造各种器具。

中交广州航道局有限公司 郭新安 提供

雪松 *Cedrus deodara*

雪松为松科雪松属常绿乔木，树体高大耸直，侧枝平垂舒展，幼嫩枝叶披白粉，是普遍栽植的庭园树种。其木材纹理通直，材质坚实、致密而均匀，有树脂，具香气，少翘裂，耐久用，可作建筑、桥梁、造船、家具及器具等用。其在气候温和凉润、土层深厚、排水良好的酸性土壤上生长旺盛。

襄阳市林业科学技术推广站 康真 摄于襄阳公园

广玉兰 *Magnolia grandiflora*

广玉兰又名荷花玉兰、洋玉兰，是木兰科北美木兰属常绿乔木，树姿雄伟壮丽，叶子较为宽阔，花朵硕大，形似荷花，香气宜人。能吸收二氧化硫等有毒气体，净化空气，是典型的绿化树种，常被应用在园林景观设计中。

襄阳市林业科学技术推广站 解志军 摄于中国林科院亚林所

鹅掌楸 *Liriodendron chinense* （Hemsl.） Sarg.

鹅掌楸为木兰科鹅掌楸属植物，落叶大乔木。其为我国特有的珍稀植物。叶形如马褂，叶片的顶部平截，犹如马褂的下摆，叶片的两侧平滑或略微弯曲，好像马褂的两腰，叶片的两侧端向外突出，仿佛是马褂伸出的两只袖子，故鹅掌楸又叫马褂木。鹅掌楸花形大而美丽，叶形奇特，其黄色花朵形似杯状的郁金香，故欧洲人称之为“郁金香树”。其是城市中极佳的行道树、庭院的景观树种，对有害气体的抵抗性较强，也是工矿区绿化的优良树种之一；树皮入药，祛水湿风寒；木材呈淡红褐色，纹理直，干燥少开裂，可供作家具、建筑用材。

襄阳市林业科学技术推广站 解志军 摄于阳春门公园

荆条 *Vitex negundo* var. Heterophylla

荆条为唇形科牡荆属植物，落叶小乔木或灌木。荆条俗称荆棵、黄荆条等，是山林中常见植物。荆条性强健，耐寒、耐旱，亦能耐瘠薄的土壤，喜阳光充足，多自然生长于山地阳坡的干燥地带，形成灌丛，对荒地护坡和防止风沙均有一定的环境保护作用。荆条叶秀丽，花清雅，是装点风景区的极好材料，也是树桩盆景的优良材料；茎、果实和根均可入药，茎叶治疗久痢，种子为清凉性镇静、镇痛药，根可以驱蛲虫；花含蜜汁，是极好的蜜源植物；枝可编筐，也是很好的燃料。

襄阳市林业科学技术推广站 康真 摄于襄城区阳春门公园

柽柳 *Tamarix chinensis*

柽柳为柽柳科柽柳属植物，落叶小乔木或灌木。柽柳俗称西河柳、三春柳、红柳、香松等。其枝条细柔，姿态婆娑，开花如红蓼，颇为美观，常被栽种于庭园、公园。柽柳细枝柔韧耐磨，多用来编筐，坚实耐用。其适应性强，可以生长在荒漠、河滩或盐碱地等恶劣环境中，是最能适应干旱沙漠和滨海盐土生存、防风固沙、改造盐碱地、绿化环境的优良树种之一。

襄阳市林业科学技术推广站 康真 摄于襄城区岘山文化广场

桂花 *Osmanthus fragrans*

桂花为木犀科木犀属常绿乔木或灌木，又称木樨，是集绿化、美化和香化于一体的优良树种。在园艺栽培上，由于花色不同，有金桂、银桂、丹桂等不同名称；花色也因开花时间不同而有变化，同一植株上的花有白色、淡黄色和黄色，纯白色属初开的花，黄色为即将凋落的花。“暗淡轻黄体性柔，情疏迹远只香留”，词人李清照只用十四个字就描绘出了桂花的风姿神韵。“桂”谐音“贵”，因寓意美好，桂花自古就是庭院明星树种，所谓“门前栽桂花，贵人站门内”；中国园林的“玉堂春富贵”也是此意。

襄阳市林业科学技术推广站 康真 摄

棕榈 *Trachycarpus fortunei*

棕榈为棕榈科棕榈属常绿植物，原产长江以南，现京津地区亦有种植，襄阳十分普遍。其可正常开花结实，树形优美，叶大如扇（可做蒲扇），四季葱茏，是庭园绿化的优良树种。棕皮纤维可做绳索、编蓑衣；嫩叶经漂白可制扇和草帽；未开放的花苞又称“棕鱼”，可食用；棕皮及叶柄（棕板）煅炭入药有止血作用，果实、叶、花、根等均可入药。

襄阳市林业科学技术推广站 康真 摄于襄城区阳春门公园

二球悬铃木 *Platanus acerifolia* （Aiton） Willd.

二球悬铃木是悬铃木科悬铃木属植物，落叶大乔木。二球悬铃木又称为法国梧桐或英国梧桐。其是襄阳市常见行道树，在襄城区桥南东路、东街道路两侧栽植的行道树就是二球悬铃木。悬铃木有一球悬铃木、二球悬铃木及三球悬铃木，主要是根据其球形果序是几个串生来命名，一般常见为二球悬铃木，即球形果序常 2 个串生，1 或 3 个少见。二球悬铃木生长迅速，叶大荫浓，树姿优美，有净化空气的作用，是一种很好的城市和农村“四旁”绿化树种，具有吸收有害气体、抵抗烟尘、隔离噪声的能力，是世界著名的优良庭荫树和行道树，有“行道树之王”之称。每年春季，悬铃木飘洒飞絮，让人烦恼，其实悬铃木的毛絮原本无毒，但在飘絮过程中，会沾上空气中的污染物，当裹挟着污染物的毛絮飘到人身上时，尤其是过敏体质的人身上，会引起皮肤过敏、鼻炎、哮喘等。为降低其飘絮，襄城东街两侧的悬铃木已截干处理并嫁接无球悬铃木枝条。

襄阳市林业科学技术推广站 康真 摄于襄阳公园

夹竹桃 *Nerium oleander* L.

夹竹桃是夹竹桃科夹竹桃属植物，为常绿直立大灌木。夹竹桃又称柳叶桃、绮丽、半年红、甲子桃、枸那、叫出冬等。其是襄阳市常见园林绿化树种。夹竹桃花大、艳丽、花期长，常作观赏；茎皮纤维为优良混纺原料；种子可榨油供制润滑油；叶、树皮、根、花、种子均含有多种配糖体，毒性极强，人、畜误食能致死；叶、茎皮可提制强心剂，但有毒，用时需慎重；有抗烟雾、抗灰尘、抗毒物和净化空气、保护环境的能力。

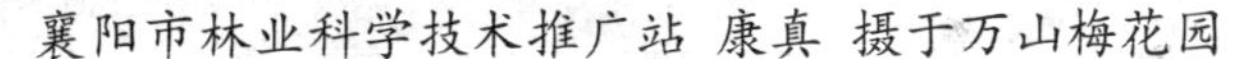

襄阳市林业科学技术推广站 康真 摄于万山梅花园

襄阳市林业科学技术推广站 吴雪莲 摄

梧桐 *Firmiana simplex* （Linnaeus） W. Wight

梧桐是锦葵科梧桐属植物，落叶乔木。梧桐俗称青桐，主要是因其树皮、枝、叶都是绿色而得此名，又因其原生于我国，也叫中国梧桐。我们所说的法国梧桐其实就是悬铃木中的一种，只是因为叶子似梧桐，而被大家误以为是梧桐。梧桐还有一个特色是果外壳成熟前开裂成叶状，就像一个小船一样，可以放水里玩，有的人称之为“船果”，“船舷”对生着四颗豆绿的果粒，包裹的白色种子可以吃。梧桐生长快，木材适合制造乐器，树皮可用于造纸和绳索，种子可以食用或榨油。由于其树干光滑，叶大优美，是一种著名的观赏树种。中国古代传说凤凰“非梧桐不栖”。许多传说中的古琴都是用梧桐木制造的，梧桐对于中国文化有重要的作用。作家丰子恺的同名文章《梧桐树》堪称佳篇。梧桐已经被引种到欧洲、美洲等许多国家作为观赏树种。

襄阳市林业科学技术推广站 解志军 摄

椴树 *Tilia tuan* Szyszyl.

椴树为锦葵科椴属植物，落叶乔木。椴树又称火绳树、家鹤儿、金桐力树、桐麻、叶上果、叶上果根等，是我国珍贵的重点保护植物。椴树树形美观，花朵芳香，对有害气体的抗性强，可作园林绿化树种。材质白而轻软，为优良用材树种，其纹理纤细，是制造胶合板的主要材种，又可制作箱柜或用于木刻，还可以做木锨、蒸笼、罗圈等各种器具；花有蜜腺，芳香，为优良蜜源树种，还可提取芳香油，叶可喂猪；枝皮纤维可制麻袋、拧绳索、制人造棉，亦可做火药导引线，还可用于编织草鞋。

襄阳市林业科学技术推广站 王文武 摄于襄城区

木槿 *Hibiscus syriacus* L.

木槿是锦葵科木槿属植物，落叶灌木。木槿花期长，是夏、秋季的重要观花灌木。其是襄阳市常见园林绿化树种。木槿花不仅观赏价值高，还可食用，营养价值极高，富含蛋白质、脂肪、粗纤维、还原糖、维生素C、氨基酸、铁、钙、锌等物质，食之口感清脆。用木槿花制成的木槿花汁具有止渴醒脑的保健作用，高血压病患者常食素木槿花汤菜有良好的食疗作用。木槿的花、果、根、叶和皮均可入药，具有防治病毒性疾病和降低胆固醇的作用。

襄阳市林业科学技术推广站 解志军 摄

稠李 *Prunus padus* L.

稠李为蔷薇科李属植物，落叶乔木。木材优良，纹理细，刨、切面光洁，耐水湿，耐腐力强，可做建筑、优质家具及工艺美术雕刻用材；树皮可提炼单宁；叶、花、果、树皮均可入药；稠李子含鞣质，具有涩肠止泻功效，且无毒副作用；果可食用，种子含油量达20.4%。稠李树形优美，花多且密，是优良的观赏树种及蜜源树种。

襄阳市自然资源和规划局 曾广林 摄于老龙堤公园

椤木石楠 *Photinia davidsoniae* Rehd. et Wils.

椤木石楠是蔷薇科石楠属植物，常绿乔木。其幼枝黄红色，后成紫褐色，有稀疏平贴柔毛，老时灰色，无毛，有时具刺。其体形高大、树冠圆整、叶片光绿、形如枇杷。该树未开花时如同珍珠点点，贞洁晶莹，盛开后白花黄蕊，盈盈飘雪，虽无五彩缤纷的浪漫热闹，却有连绵不断的素洁温馨。冬季叶片常绿并缀有黄红色果实，颇为美观。

图中这株椤木石楠位于老龙堤公园，树高约 10 米，地径 1 米以上，是城区已知的最大一株椤木石楠树。

南漳县国有神龙山林场水杉防护林带 黄维军 提供

特用原料篇

襄阳市林业科学技术推广站 王文武 摄

杜仲 *Eucommia ulmoides* Oliver

杜仲是杜仲科杜仲属杜仲种植物，又叫胶木，为我国特有树种，国家二级保护植物。秦巴山是杜仲重要起源地之一，杜仲在襄阳市的种植已有两千多年历史，在各县（市、区）均有自然分布。杜仲全身都是宝，杜仲皮是传统名贵中药，具有强健骨骼、滋补肝肾、调节血压、安胎等保健作用；杜仲叶是十分理想的替代抗生素功能饲料，能够显著提高畜禽的免疫力，预防疾病，大大减少抗生素使用，同时能够明显提高肉蛋奶品质，向人们提供无抗、健康、优质的肉蛋奶产品；杜仲雄花茶具有预防高血压、改善睡眠、保护肝脏、抗氧化活性、抗衰老和抗应激等保健作用；杜仲胶在杜仲叶、皮和种子中均含有，具有优良的耐水、寒、酸碱等特性，是优良的天然高分子材料；杜仲木材材质好，木质坚韧，有光泽，不易翘裂，是经济、生态和社会效益结合最好的树种之一。襄阳市林业科学技术推广站 2021 年 11 月与中国林科院经济林所签订协议，引进华仲 16 号、24 号、30 号三个国审良种，开展百万株扩繁，推动杜仲产业发展。

宜城长北山林场 王峰 提供

栗（板栗） *Castanea mollissima* Blume

栗是壳斗科栗属植物，俗称板栗、栗子、毛栗、油栗。栗子除富含淀粉外，尚含单糖与双糖、胡萝卜素、硫胺素、核黄素、尼克酸、抗坏血酸、蛋白质、脂肪、无机盐类等营养物质。栗木的心材为黄褐色，边材色稍淡，心边材界限不甚分明，纹理直，结构粗，坚硬，耐水湿，属优质材；壳斗及树皮富含没食子类鞣质；叶可作蚕饲料。

襄阳市林业科学研究所 刘同 提供

川桂 *Cinnamomum wilsonii* Gamble

川桂为樟科樟属植物，常绿乔木。川桂俗称官桂、三条筋、臭樟、柴桂、桂皮树、大叶叶子树、臭樟木等。其是襄阳市山林中常见树种。目前，襄阳市自然资源和规划局申报了谷城石库川桂黑壳楠省级林木种质资源库，开展保护利用活动。川桂的叶片极具樟科特色，为离基三出脉（三出脉中的一对侧脉不是从叶片基部生出，而是离开基部一段距离才生出）。川桂枝叶和果均含芳香油，油可作食品或皂用香精的调和原料；树皮入药，可补肾和散寒祛风，治风湿筋骨痛、跌打及腹痛吐泻等症。

襄阳市林业科学技术推广站 朱长红 摄于岘山文化广场

乌桕 *Sapium sebiferum* （L.） Roxb.

乌桕是大戟科乌桕属植物，落叶乔木。乌桕俗称木子树、柏子树、腊子树、米柏、糠柏等，是常见乡土树种，多见于山林之中。乌桕的叶片辨识度很高，标准的菱形带着小尾尖。秋季开始，叶色就开始变得绚丽多彩，从红色、橙色到黄色，应有尽有。乌桕的果实是像爆米花一样开裂的三室蒴果，露出三粒球形种子，种子覆盖白色的蜡质层，这层蜡可以提取油脂，古人很早就开始用这层蜡质制作肥皂和蜡烛，这些蜡富含高热量油脂，是许多鸟类喜欢的食物。《本草纲目》记载，乌桕“以乌喜食而得名”，所以乌桕别名“鸦桕”。乌桕属彩叶树种，秋季变色，观赏性强。在樊城区春园路道路两侧种植的就是乌桕。乌桕不仅观赏性强，经济价值也很高，木材白色，坚硬，纹理细致，用途广；叶为黑色染料，可染衣物；根皮治毒蛇咬伤；白色之蜡质层（假种皮）溶解后可制肥皂、蜡烛；种子油适于涂料，可涂油纸、油伞等。

襄阳市林业科学技术推广站 康真 摄于万山梅花园

油桐 *Vernicia fordii* （Hemsl.） Airy Shaw

油桐是大戟科油桐属植物，落叶乔木。油桐又名三年桐、桐油树、桐子树、罂子桐等，是山林中常见乡土树种。油桐是我国著名的木本油料树种。桐油是一种优良的干性油，具有干燥快、有光泽、耐碱、防水、防腐、防锈、不导电等特性，是重要的工业用油；油桐子药用价值极高，在治风痰喉痹、瘰疬、疥癣等方面的功效显著；油桐叶具有清热消肿、解毒杀虫之功效；油桐果皮还可制活性炭或提取碳酸钾。

谷城县林木种苗站 王红英 可胜利 提供

胡颓子 *Elaeagnus pungens* Thunb.

胡颓子为胡颓子科胡颓子属植物，常绿直立灌木。胡颓子俗称羊奶子、三月枣、柿模、半春子、四枣、石滚子、牛奶子根等。其是襄阳市山林中常见树种。胡颓子果实长椭圆形，像母羊的乳房似的，故俗称“羊奶子”。它的挂果期很长，刚开始时呈淡黄色，慢慢地变成绿色，最后慢慢地变黄，完全成熟后颜色鲜红，非常漂亮，味甜可食，是很多山区孩童的零食。胡颓子药用价值较高，其果实、种子、根、叶片均可以入药，是一种比较好的传统中药材。

襄阳市林业科学技术推广站 王文武 摄于襄城区贾洲村

枳椇 *Hovenia acerba* Lindl.

枳椇是鼠李科枳椇属植物，落叶乔木。枳椇又称南枳椇、金果梨、鸡爪树、万字果、枸、鸡爪子、拐枣等。其是襄阳市常见乡土树种。枳椇树干挺直，枝叶秀美，果形态酷似楷书“万”字，故称为万寿果树，是良好的绿化树种，主要用作庭荫树、行道树和草坪点缀。其材质坚硬，纹理美观，易加工，刨面光滑，油漆性能佳，可用来作乐器、精致的工艺品、家具及建筑装饰等。此外，拐枣的果梗除鲜食外，可用作酿酒、制醋、制糖的原料，还可加工成罐头、蜜饯、果脯、果干等；采用先进工艺，进行深加工，可制成方便饮料——拐枣晶。拐枣饮料等产品不仅内销，还可出口，颇受消费者青睐，很有发展前景。

襄阳市林业科学技术推广站 王文武 摄于南漳

山桐子 *Idesia polycarpa* Maxim.

山桐子是杨柳科山桐子属植物，落叶乔木。山桐子俗称斗霜红、椅桐、椅树、水冬桐、水冬瓜等。其是襄阳市山林中常见树种。山桐子因其果实、种子均含油，且油中亚油酸含量高，被人们称为树上油库。山桐子食用油具有降低血脂、软化血管、降低血压等保健作用。近年来，襄阳市山桐子产业有长足发展，在老河口、南漳、保康等地推广种植山桐子。山桐子木材松软，可供建筑、家具、器具等的用材；可作为山地营造速生混交林和经济林的优良树种；花多芳香，有蜜腺，为养蜂业的蜜源资源植物；树形优美，果实长序，结果累累，果色朱红，形似珍珠，风吹袅袅，为山地、园林的观赏树种。

襄阳市国营林场 赵天宇 提供

山茱萸 *Cornus officinalis* Siebold & Zucc.

山茱萸为山茱萸科山茱萸属植物，落叶乔木或灌木。山茱萸俗称枣皮，多分布于南漳、保康、谷城等山林地区。山茱萸花黄色，先叶开放，果红色至紫红色，秋冬季节挂在树梢，煞是好看。山茱萸是一个非常经典的老药，最早出现在《神农本草经》中，其果实称“萸肉”，俗名枣皮，供药用，味酸涩，性微温，为收敛性强壮药，有补肝肾止汗的功效。

保康聚芳牡丹种植专业合作社 李明军 提供

紫斑牡丹 *Paeonia rockii* （S. G. Haw & Lauener） T. Hong & J. J. Li

紫斑牡丹是芍药科芍药属植物，落叶灌木。紫斑牡丹与普通牡丹的区别是花瓣内面基部具深紫色斑块，因此而得名。其主要分布于襄阳市保康县，保康是野生牡丹的故乡。全世界现存 10 个野生牡丹种和 1 个亚种。我国牡丹资源共有 9 个，其中保康的野生牡丹资源有紫斑牡丹、杨山牡丹、红斑牡丹、保康牡丹、卵叶牡丹等 5 个种和 1 个林氏牡丹亚种，占全球牡丹资源种类一半以上。紫斑牡丹根皮供药用，称“丹皮”，为镇痉药，能凉血散瘀，治中风、腹痛等症。襄阳市现有多家从事牡丹产品加工的企业，开发出牡丹花茶、牡丹精油、牡丹胶囊、牡丹面膜等门类齐全的系列产品，深受消费者喜爱。

襄阳市林业科学技术推广站 张建华 摄

枇杷 *Eriobotrya japonica*

枇杷为蔷薇科枇杷属常绿小乔木，在我国栽培历史悠久。其果肉柔软多汁，营养丰富，酸度适中，风味极佳。树形整齐美观，叶大荫浓，常绿而有光泽，冬日白花盛开，初夏黄果累累，极富观赏价值。叶晒干去毛，可供药用。世间最深情的枇杷树当属明代归有光所植，《项脊轩志》有云：“庭有枇杷树，吾妻死之年所手植也，今已亭亭如盖矣。”襄阳市区多条道路以枇杷为行道树，如七里河路、琵琶山路等，“不摘枇杷，不摇桂花”是“襄阳文明 20 条”之一。

襄阳市林业调查规划设计院 吴小飞 提供

花椒 *Zanthoxylum bungeanum* Maxim.

花椒是芸香科花椒属植物，落叶小乔木。花椒别称檓、大椒、秦椒、蜀椒。其是襄阳市常见可食用树种。枝有短刺，花序顶生或生于侧枝之顶，花被片黄绿色，果紫红色。花椒的木材为典型的淡黄色，露于空气中颜色稍变深黄，木质部结构密致，均匀，纵切面有绢质光泽，大材有美术工艺价值；孤植又可作防护刺篱；其果皮可作为调味料，并可提取芳香油，又可入药，种子可食用，也可加工制作肥皂，还是一种防旱树。

襄阳市林业科学技术推广站 康真 摄于宜城东方化工厂

胡桃 *Juglans regia* L.

胡桃是胡桃科胡桃属植物，落叶乔木，俗称核桃。其是襄阳市常见坚果树种，在保康、南漳、谷城等山区分布较多。核桃种仁含油量极高，且种仁中的脂肪多为不饱和脂肪酸，富含铜、镁、钾、维生素 B6、叶酸和维生素 B1 等多种微量元素，可生食，营养价值丰富，有“万岁子”“长寿果”“养生之宝”的美誉，亦可榨油食用；木材坚实，是很好的硬木材料。

右图中的胡桃树摄于宜城雷河境内的湖北东方化工厂。据栽植该树的老人介绍，这棵树是他 1972 年从河北带来栽种的，距今已有 50 年，树高 19 米，冠幅 23 米，胸围 85.5 厘米，每年可产果近百斤。无论从树形、树势还是健康程度等方面来看，都称得上襄阳市最美胡桃树了。

谷城县林木种苗站 可胜利 提供

油茶 *Camellia oleifera*

油茶为山茶科山茶属植物，常绿灌木或中乔木。油茶俗称茶子树、茶油树、白花茶等。襄阳市引种油茶有 200 多年历史，早在清朝嘉庆年间，谷城、保康等地即有人从油茶产地引种栽培，现存有不少 200 年以上油茶古树。襄阳市油茶产业发展历史可上溯到 1904 年，谷城紫金镇水田坪村农民开始点播油茶，现为襄阳市主要木本油料树种，在谷城、宜城、枣阳等地广泛栽植。油茶与油棕、油橄榄和椰子并称为世界四大木本食用油料植物。茶油色清味香，营养丰富，耐贮藏，是优质食用油，也可作为润滑油、防锈油用于工业；茶饼既是农药，又是肥料，可提高农田蓄水能力和防治稻田害虫；果皮是提制栲胶的原料；茶籽壳还可制成糠醛、活性炭等；油茶还是优良的冬季蜜粉源植物，花期正值少花季节（10 月上旬至 12 月），蜜粉极其丰富。

如何识别树木

康真
襄阳市林业科学技术推广站

树木的识别主要是通过树形、树叶、花、果实、树皮以及常绿还是落叶这六个特征来鉴别。这些特征通常不会在某个时间同时观察到，比如，花和果实只在某个季节才会出现，但有些特征是不会变的，比如，树皮的颜色和质地在树的一生中变化很小。

一、树形鉴别

树形由树冠及树干组织，树冠由一部分主干、主枝、侧枝及叶幕组成。不同的树种各有其独特的树形。树形主要由树种的遗传性而决定，但也受外界环境因子的影响，尤其是园林中人工养护管理因素更能起决定作用。一般所谓某种树有什么样的形状，大抵是对正常的生长环境下其成年树的外在形象而言。常见园林树木的树形可分为下述各类型：

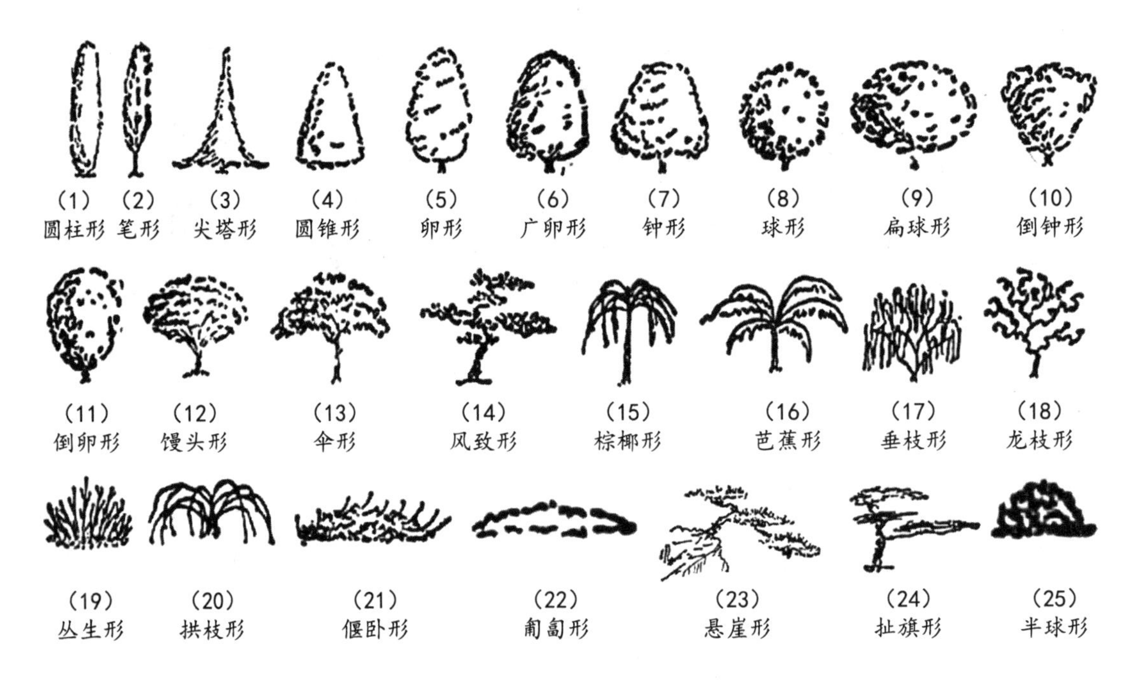

二、常绿还是落叶

大多数常绿叶分两类：一类窄长，像针形，说明是针叶树种，比如雪松、油松等；另外一类是厚实革质，通常表面很光滑，例如广玉兰、香樟等。落叶树种可以通过其他特征来鉴别。生活中常见的常绿树种有香樟、广玉兰、石楠、桂花、圆柏、雪松、含笑等；常见的落叶树种有法国梧桐、银杏、紫薇、栾树、紫荆、樱桃、无患子、玉兰等。

三、树叶鉴别

树叶形状是长针形还是宽大扁平状，树叶边缘是否有锯齿，叶脉是什么形状？对大多数树来说，树叶是用于鉴别的最重要的特征。树叶的形状有很多，但大多数可以归为六类。树叶有全缘的，没有分裂，叶边也没有锯齿，像广玉兰的叶子；树叶也有边缘似锯齿形的，像栓皮栎的叶子；还有的树叶是分裂的，边缘先向中心凹陷再向外突出，如栎树的叶子，或者是掌状裂的，像手掌形状，梧桐和槭树的树叶就是掌形树叶；还有一些像七叶树的叶子，边缘一直深裂到叶柄，这种形状叫掌状复叶；有些情况下，一片树叶上还会分出更小的叶片，这种叫“羽状复叶”。有羽状树叶的树包括栾树、国槐等。

常见叶类型

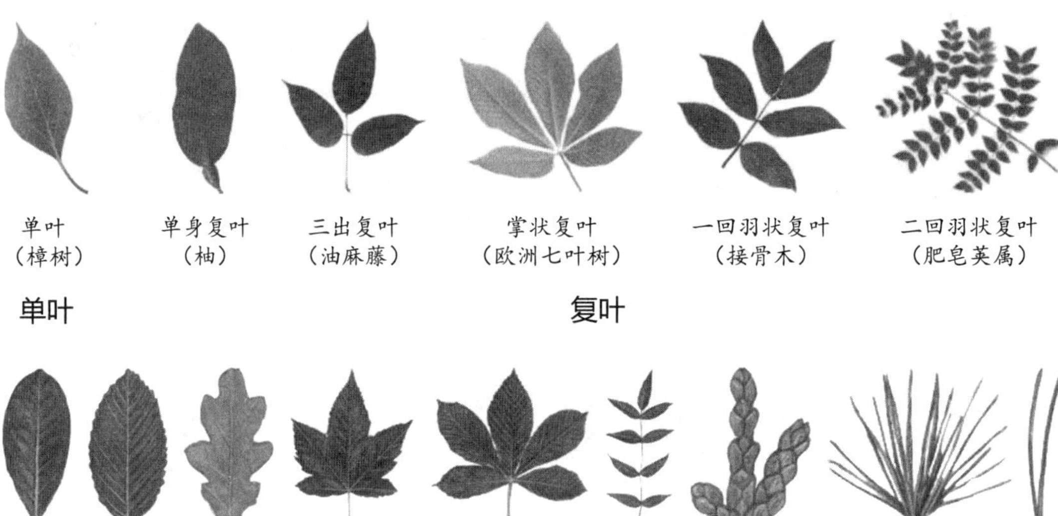

四、花的鉴别

花（或花苞）可见吗？如果可见，是什么颜色和形状的？大多数树木在春季开花，有少数如紫薇等到夏季才开花。树木的鉴别在花朵开放时是比较容易的。下面介绍常见园林树木花朵类型。

梅花，花瓣较小，先花后叶，花瓣颜色粉色、红色、绿色、白色等，冬春季开花。

蜡梅，花瓣黄色，带蜡质，具芳香，先花后叶。

白玉兰，花白色，极香，花被片10片，先叶开放。

紫薇，花色玫红、大红、深粉红、淡红色或紫色、白色，常组成7~20厘米的顶生圆锥花序。花期6~9月。

合欢花粉红色，头状花序在枝顶排成圆锥花序。

五、果实鉴定

夏末到秋季是通过果实来辨识树木的最佳时机。有些果实或者种子是很容易识别出来的，如通过橡果可以马上辨认出栎树。七叶树同理。下面介绍常见园林树木果实类型。

女贞果肾形或近肾形，长7~10毫米，径4~6毫米，深蓝黑色，成熟时呈红黑色，被白粉；果梗长0~5毫米。果期7月至翌年5月。

三角槭的翅果

香樟果卵球形或近球形，直径6~8毫米，紫黑色。

六、树皮鉴定

有些树木的树皮是鉴别特征中最有特色的。比如，樱花树皮特有的横向环圈，而悬铃木浅黄色的树皮不断脱落，露出下层浅黄褐色的新鲜树皮。下面介绍常见园林树木树皮类型。

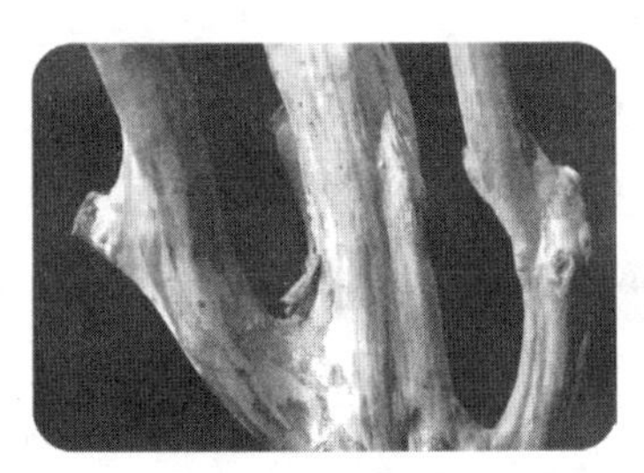

紫薇树皮平滑，灰色或灰褐色，老皮片状脱落。

青桐，树皮青绿色。

樱花树皮横向环圈。

植物标本制作

刘同、谷凤平
襄阳市林业科学研究所

植物标本与诸多宏观、微观生物学科领域息息相关，它包含着一个物种的大量信息，是从事植物分类、形态解剖、识别植物多样性与系统进化研究的重要科学依据。因植物生长存在地域性和时间性，所以植物标本在生物学科研、教学工作中占有重要地位。

一、基本原理

采集植物枝、叶、花、果、根等部位标本，通过整形、压制、干燥、消毒和塑封等处理，使标本几乎处于干燥真空无菌状态，最大限度保持植物原色和保存时间。干燥塑封标本还具有便于保存和批量制作等优点。

二、主要工具

标本箱：用于收集植物标本。

烘干箱：放置压制标本的烘干箱，一般是木板制成，外置暖风机，烘干箱长宽高规格：2.0 米 ×1.0 米 ×1.2 米。

塑封机：用于塑封标本。

铜版纸：用于标本内衬，摆放和固定标本，根据标本制作需要裁定大小，一般为 A3 或 A4 规格。

塑封膜：用于塑封标本，根据塑封标本大小确定规格。

三、制作方法

1. 整形

清洗标本上泥土；剪掉过密的枝叶、花序和残枝叶；较厚的枝条，平剖或剥皮取出木质部分，保留完整的枝皮；容易脱落的花瓣单独标记压制；整理好的标本平展在吸水纸上，用力压扁较厚的部分，使其平整均匀；根据个人所需，将标本摆放不同形状，以最美的角度展示植物的自然风采。

2. 压制

整理好的标本要进行层层压制，压制的好坏决定着标本干燥的速度和质量。方法是在纸壳上放置 2~3 张干燥的吸水纸，摆放整理好的标本，上面放 3~5 张吸水纸，最后再放置一张纸壳，用力压平标本使其平整，压制下一份标本以此类推。压制高度以 50 厘米左右为宜，用绳子勒紧标本夹。

3. 干燥

调好暖风机使箱内温度达到 25 摄氏度左右，烘制 7 小时左右，将标本取出换干燥的吸水纸，换纸的同时继续对标本进行修整，铺展叶片、花瓣，达到最佳效果。标本换纸，修整完后扎紧标本夹再次放入箱内进行烘干，接下来观测标本干燥程度，同时调整箱内标本位置，使标本均匀受热，完全干燥 8~15 天。

4. 消毒

标本消毒是妥善保存标本的关键，决定标本保存期限和质量，标本消毒就是把压制好的标本放置烘干箱内，温度缓缓升至 60 摄氏度，恒温 6 小时即可，足以杀死附于标本上的各种幼虫及虫卵。应注意的是，标本要进行干燥后才能进行消毒，否则新鲜的标本因失水迅速而强烈收缩变形。

5. 塑封

把干燥的标本摆放在铜版纸上，尽量设计出自然形态或完整的植物画面，用少量胶水固定住枝皮、叶片和花瓣，插入与铜版纸相匹配的塑封膜中进行塑封。塑封前要粘贴标签，一般在铜版纸右下角粘贴或直接把植物标本信息打印到铜版纸右下角。

四、保存

植物标本制作好后可以按科、属、种分类系统排列存放，如需展示，可以增加相框，提高标本的展示效果。保存标本的整体要求是干燥和荫凉的位置，忌强光、潮湿和高温。较好的存放条件是温度在 25℃以下，湿度小于 50%，通风良好避光的室内。

榔榆 榆科 榆属

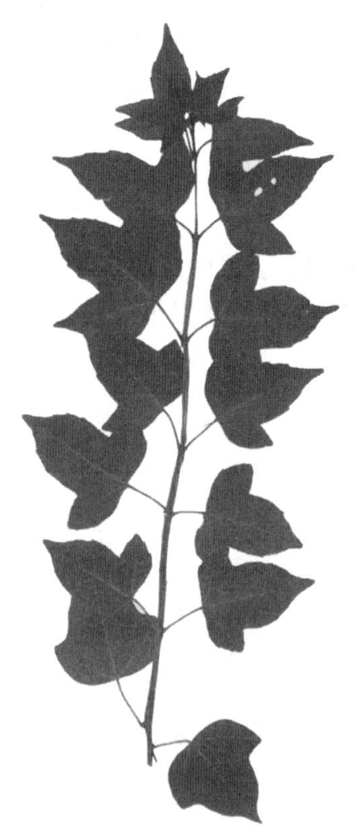

三角槭 无患子科 槭属

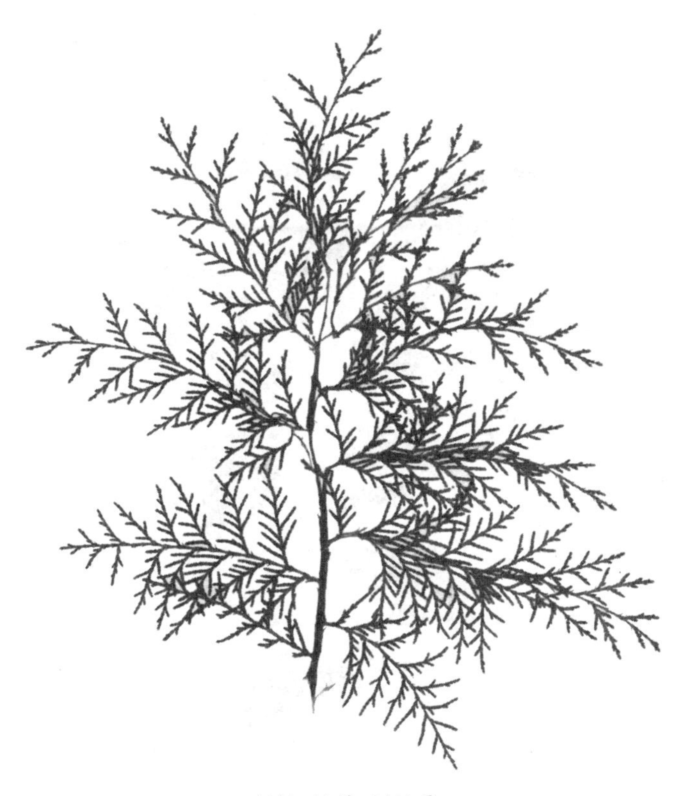

侧柏 柏科 侧柏属

栾树 无患子科 栾树属

蜡梅 蜡梅科 蜡梅属

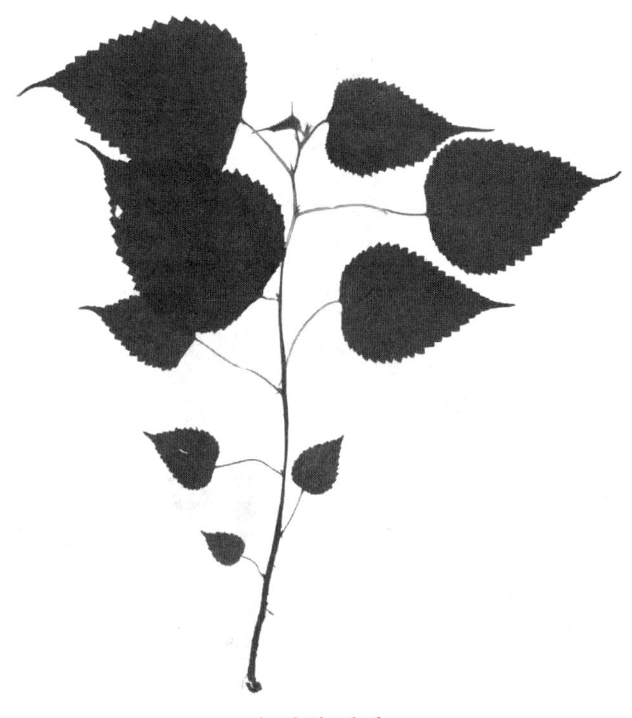

桑 桑科 桑属

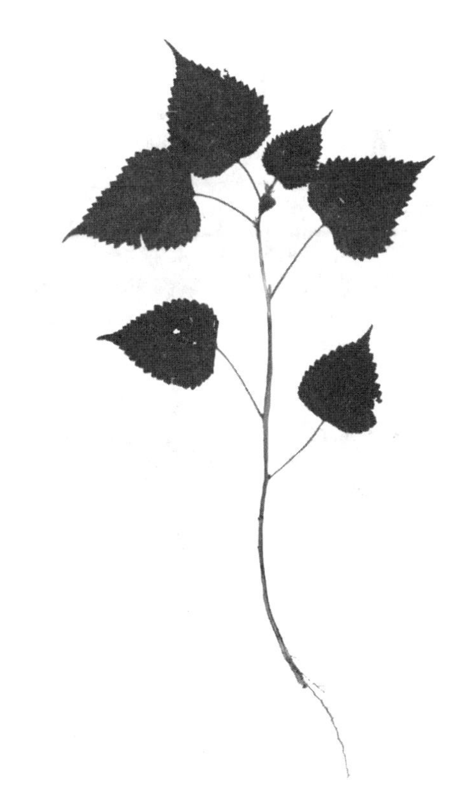

构树 桑科 构属

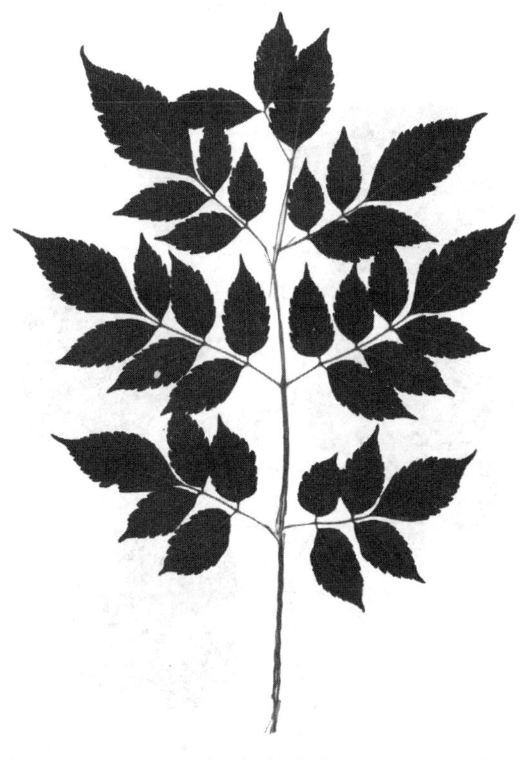

楝 楝科 楝属

肉桂 樟科 樟属

八角枫 八角枫科 八角枫属

水杉 柏科 水杉属

盐肤木 漆树科 盐肤木属

女贞 木犀科 女贞属

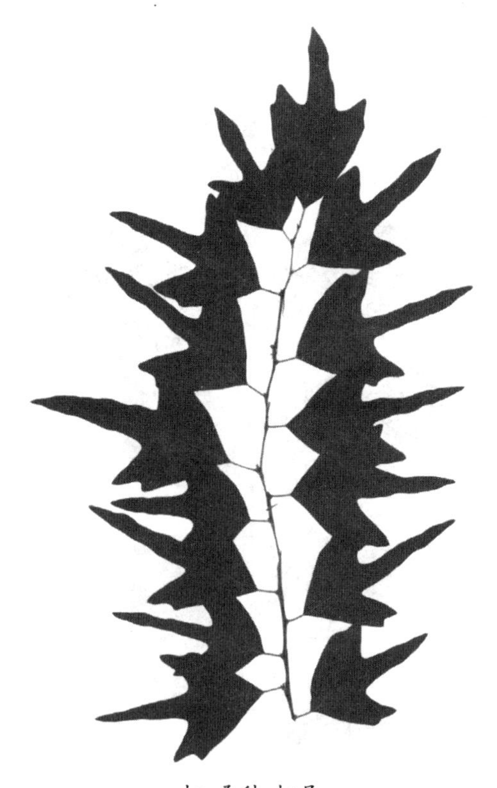

柘 桑科 柘属

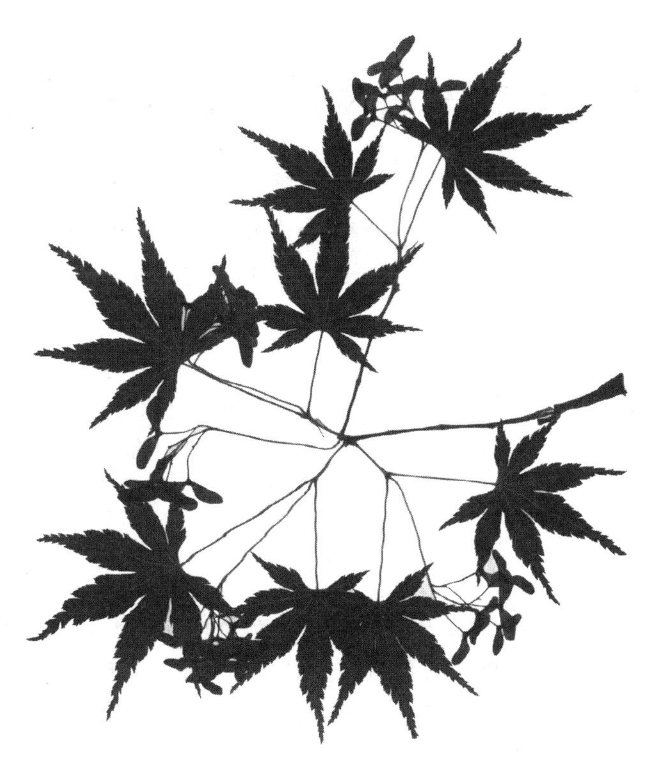

鸡爪槭 槭树科 槭属

黄檀 豆科 黄檀属

襄阳市主要乡土树种名录（第一批）

为深入贯彻习近平总书记生态文明理念，正确落实《国务院办公厅关于科学绿化的指导意见》（国办发〔2021〕19 号）精神，按照襄阳市委办公厅、市政府办公室《关于绿满襄阳再提升行动的实施意见》要求，襄阳市自然资源和规划局坚持“尊重自然、顺应自然、保护自然”原则，鼓励和引导使用多样化的乡土树种科学开展国土绿化工作，在收集总结襄阳市主要乡土树种相关基础信息基础上，结合襄阳市地理气候特征和立地条件类型，以林木种质资源调查阶段性成果中乡土树种种类作为选择对象，筛选出可重点收集、开发和利用的主要乡土树种，编制形成《襄阳市主要乡土树种名录（第一批）》（以下简称《名录》）。

一、编制意义

襄阳市海拔 44~2 000 米，位于中国地理南北分界线的中心，属亚热带季风型大陆气候过渡区，兼备了南北气候特点，具有四季分明、光照充足、热量丰富、降雨适中、雨热同季等特点。独特的地理位置和气候条件孕育了大量具有地域特色的植物资源，已探查出襄阳市共有维管束植物 189 科 828 属 1 698 种。

乡土树种是林业生态建设中十分重要的基础资源，在自身进化和自然演替中，经过长期的自然竞争和残酷的优胜劣汰，逐渐适应本地各种生存因子，具有极强的适应性和地域性特征，且品种多，繁殖方法相对简单，观赏价值高，造林成活率高，能稳定当地生态系统。充分利用乡土树种开展国土绿化可大幅度提升生态质量，促进当地经济水平发展。

编制发布《名录》，可以为国土绿化、营造林设计等在树种选择上提供重要参考，为林业育苗和苗木行业发展作出科学引导。

二、编制依据

《中华人民共和国森林法》

《国务院办公厅关于科学绿化的指导意见》（国办发〔2021〕19 号）

《国家林业和草原局生态保护修复司关于组织制定主要乡土树种名录的通知》（生生函〔2020〕63 号）

《中国植物志》

《关于绿满襄阳再提升行动的实施意见的通知》（襄办发〔2020〕3 号）

《襄阳市林木种质资源调查》（2014—2017 版）

三、树种筛选原则

（一）乡土特色。《名录》编制充分考虑树种的抗逆性、适应性、观赏性等优良特性，以本地乡土树种为首选。对在本地表现良好，但存在一定的风险和争议的树种，本次暂不予收录。

古树是衡量本土化乡土树种的重要标准之一。古树生存的时间越长，说明它对当地的土壤、气候等的适应能力越强，抗病虫害的能力越强，特别是古树附近区域自然更新的群落繁殖能力越强。这也是此次主要乡土树种调查的重要参考。

（二）应用广泛。《名录》中“适宜绿化类型”“适宜区域”的推荐综合考虑了树种在不同绿化类型中的表现，对使用较少或仅适宜特殊立地条件的，本次不予推荐。

1. 选择当地群众喜闻乐见、自然分布广泛、性状优良且适合大面积推广种植的树种；

2. 选择襄阳市通过省级良种审（认）定、适生范围广，且适合大面积推广种植的良种。

（三）珍贵特有。收录襄阳地区特有且表现较好的原生本土树种。襄阳地处南北过渡带，四季分明，独特的地理气候条件形成了特有的乡土树种资源。如：襄阳山樱桃、白皮松、流苏、杜仲、粗糠、紫斑牡丹、梓树、黄栌、拐枣、水丝梨、柽柳等。

四、编制程序

（一）按照国家、省相关文件要求，参照省乡土树种名录，开展乡土树种资源调查，利用相关调查及科研成果，开列初步清单，征求本市相关单位及行业内意见。

（二）根据调查成果和相关单位意见，进行严格筛选。

（三）组织树木分类、林木育种等方面的专家进行咨询论证。

（四）以襄阳市自然资源和规划局文件形式向社会发布。

五、襄阳市主要乡土树种分类（第一批 98 种）

襄阳市乡土树种资源丰富，为适应和引导市场，满足适地适树、进城下乡上山等方面的不同需求，形成品牌和规模优势，在主要乡土树种中，选择出樟树、楠木、三角槭、朴树、榉树、榔榆、枫杨、乌桕、小叶青冈、黑壳楠等 10 个树种作为襄阳市主打重点推介树种。

（一）落叶乔木（70 种）：银杏、垂柳、腺柳、柽柳、杜仲、山核桃、化香树、枫杨、湖北枫杨、青钱柳、无患子、茅栗、麻栎、槲栎、栓皮栎、朴树、珊瑚朴、青檀、辛夷、厚朴、榔榆、榆树、榉树、桑、白玉兰、枫香树、湖北海棠、木瓜、襄阳山樱桃、喜树、山合欢、皂荚、国槐、刺槐、黄檀、巨紫荆、臭椿、楝、香椿、重阳木、乌桕、黄连木、黄栌、漆、三角槭、五角槭、茶条槭、鸡爪槭、刺楸、粗糠树、天师栗、栾树、梧桐、黄檗、山桐子、南紫薇、光皮梾木、山茱萸、四照花、柿、梓、楸、白蜡树、流苏树、香果树、拐枣、枣、梨、石榴、桃。

（二）常绿乔木（20 种）：红豆杉、巴山榧树、金弹子、铁尖油杉、猴樟、川桂、白皮松、杉木、圆柏、柏木、青冈、小叶青冈、女贞、黑壳楠、楠木、石楠、枇杷、柞木、水丝梨、红果冬青。

（三）灌木、藤本（8 种）：蜡梅、卫矛、紫斑牡丹、卵叶牡丹、山梅花、猕猴桃、胡颓子、华中枸骨。

襄阳市主要乡土树种名录（第一批）

序号	树种	拉丁学名	科	属	树种特性及适宜生境或立地条件	适宜绿化类型						适宜区域
						荒山绿化	平原绿化	城市绿化	乡村绿化	通道绿化	水系绿化	
1	杉木	*Cunninghamia lanceolata*	柏科	杉木属	常绿乔木。喜光，喜温暖湿润气候，不耐严寒及湿热，不耐旱。土壤要求比一般树种要高，喜肥沃、深厚、湿润、排水良好的酸性土壤，不耐盐碱	√		√	√	√		海拔 1 000 米以下山地
2	圆柏	*Juniperus chinensis*	柏科	刺柏属	常绿乔木。喜光也耐阴，喜温暖湿润气候，适应性强，对土壤要求不严，耐寒、耐热，但忌积水	√		√	√	√		海拔 1 000 米以下山地
3	柏木	*Cupressus funebris*	柏科	柏木属	常绿乔木。喜光也耐阴，喜温暖湿润气候，适应性强，对土壤要求不严，以在石灰岩山地钙质土上生长良好，耐干旱瘠薄，也稍耐水湿	√		√	√	√		海拔 1 000 米以下山地
4	柽柳	*Tamarix chinensis* Lour.	柽柳科	柽柳属	乔木或灌木。喜光，不耐遮阴。耐高温、耐严寒，耐干又耐水湿，抗风、耐盐碱。对土壤适应性强	√	√	√	√	√	√	全市各地
5	乌桕	*Sapium sebiferum*	大戟科	乌桕属	落叶乔木或小乔木。喜光，喜温暖湿润气候，能耐间歇或短期水淹，对土壤适应性较强	√	√	√	√	√	√	全市各地
6	朴树	*Celtis sinensis*	大麻科	朴属	落叶乔木。喜光，稍耐阴，耐寒，喜温暖湿润气候，对土壤要求不严，有一定耐干旱能力，亦耐水湿及瘠薄土壤，适应力较强	√	√	√	√	√		海拔 1 500 米以下山地、丘陵
7	珊瑚朴	*Celtis julianae* Schneid.	大麻科	朴属	落叶乔木。喜光，稍耐阴，耐寒，喜温暖湿润气候，对土壤要求不严，有一定耐干旱能力，亦耐水湿及瘠薄土壤，适应力较强	√	√	√	√	√		海拔 300~1 300 米，山坡或山谷林中或林缘
8	青檀	*Pteroceltis tatarinowii*	大麻科	青檀属	落叶乔木。喜光，阳性树种；喜温暖湿润气候，亦耐干旱瘠薄，耐寒性强，耐盐碱，不耐水湿	√		√	√			海拔 1 500 米以下山地、丘陵

续表

序号	树种	拉丁学名	科	属	树种特性及适宜生境或立地条件	适宜绿化类型						适宜区域
						荒山绿化	平原绿化	城市绿化	乡村绿化	通道绿化	水系绿化	
9	红果冬青	*Ilex rubra* S. Watson	冬青科	冬青属	常绿乔木。喜光，耐阴，不耐寒，喜肥沃的酸性土，较耐湿，但不耐积水，深根性，抗风能力强，萌芽力强，耐修剪。对有害气体有一定的抗性	√		√	√	√	√	海拔（400~）750~2 400（~3 000）米山地
10	华中枸骨	*Ilex centrochinensis* S. Y. Hu	冬青科	冬青属	常绿灌木。喜光但耐阴，尤其幼苗耐阴。喜温暖湿润气候，不耐寒。喜排水良好、肥沃的酸性土	√	√	√	√	√	√	海拔500~1 000米的路旁、溪边
11	山合欢	*Albizia kalkora*	豆科	合欢属	落叶小乔木或灌木。喜光，喜温暖湿润气候，对气候和土壤适应性强，耐干旱瘠薄及轻度盐碱，不耐积水，宜在排水良好、肥沃土壤生长	√		√	√	√		全市各地
12	国槐	*Styphnolobium japonicum*（L.）Schott	豆科	槐属	落叶乔木。喜光，喜温暖湿润气候，也较耐寒，喜肥沃、排水良好的土壤	√	√	√	√	√		全市各地
13	刺槐	*Robinia pseudoacacia* L.	豆科	刺槐属	落叶乔木。喜光，不耐庇荫，不耐水涝，抗风性差，喜土层深厚、肥沃、疏松、湿润的壤土、沙质壤土、沙土或黏壤土	√	√	√	√	√		全市各地
14	黄檀	*Dalbergia hupeana* Hance	豆科	黄檀属	落叶乔木。喜光，耐干旱瘠薄，不择土壤，但以在深厚湿润排水良好的土壤生长较好，忌盐碱地	√	√	√	√	√		海拔600~1 400米，平原及山区
15	巨紫荆	*Cercis gigantea*	豆科	紫荆属	落叶乔木。喜光，耐寒、耐旱、耐盐碱，不耐水涝，对土质要求不严，但以深厚肥沃、排水良好的土壤中生长最好	√		√	√			海拔300~1 200米的山地
16	皂荚	*Gleditsia sinensis* Lam.	豆科	皂荚属	落叶乔木。喜光，稍耐阴，耐旱，在微酸性、石灰质、轻盐碱土甚至黏土或砂土均能正常生长	√		√	√			海拔自平地至2 500米

续表

序号	树种	拉丁学名	科	属	树种特性及适宜生境或立地条件	适宜绿化类型						适宜区域
						荒山绿化	平原绿化	城市绿化	乡村绿化	通道绿化	水系绿化	
17	杜仲	*Eucommia ulmoides*	杜仲科	杜仲属	落叶乔木。喜光，喜温暖湿润气候，能耐严寒，对土壤没有严格选择，以土层深厚、疏松肥沃、湿润、排水良好的壤土生长最好	√	√	√	√	√		全市各地
18	红豆杉	*Taxus wallichiana* var. *chinensis*	红豆杉科	红豆杉属	常绿乔木。耐阴树种，喜温暖湿润的气候，耐干旱瘠薄，不耐低洼积水。对气候适应力较强	√		√	√			海拔 1 500 米以下山地
19	巴山榧树	*Torreya fargesii*	红豆杉科	榧属	常绿乔木。喜温暖湿润、土层深厚、排水良好之地，不耐干旱瘠薄，能耐寒	√		√	√			海拔 2 000 米以下山地
20	山核桃	*Carya cathayensis*	胡桃科	山核桃属	落叶乔木。喜光也耐阴，喜温暖湿润环境，在含腐殖质丰富的深厚土壤上生长良好	√		√	√			海拔 1 000 米以下山地
21	化香树	*Platycarya strobilacea*	胡桃科	化香树属	落叶乔木。喜光，喜温暖湿润的气候和深厚肥沃的中性壤土，耐干旱瘠薄	√		√	√	√		海拔 1 500 米以下山地
22	枫杨	*Pterocarya stenoptera*	胡桃科	枫杨属	落叶乔木。喜光，不耐阴，喜温暖湿润气候，耐水湿，喜深厚肥沃湿润的土壤	√	√	√	√	√	√	海拔 1 500 米以下山地、平原湖区
23	湖北枫杨	*Pterocarya hupehensis* Skan	胡桃科	枫杨属	落叶乔木。喜光，不耐庇荫，喜温暖湿润气候，也稍耐寒，耐水湿，喜生于深厚、肥沃、湿润的沟谷、溪水、河流沿岸	√		√	√	√	√	海拔 700~2 000 米的沟谷、河溪两侧湿润之地的疏林中
24	青钱柳	*Cyclocarya paliurus*（Batal.）Iljinsk.	胡桃科	青钱柳属	落叶乔木。喜光，幼苗稍耐阴，要求深厚、喜风化岩湿润土质，耐旱，萌芽力强，生长中速	√	√	√	√	√	√	海拔 500~2 500 米的山地湿润的森林中

续表

序号	树种	拉丁学名	科	属	树种特性及适宜生境或立地条件	适宜绿化类型						适宜区域
						荒山绿化	平原绿化	城市绿化	乡村绿化	通道绿化	水系绿化	
25	胡颓子	*Elaeagnus pungens* Thunb.	胡颓子科	胡颓子属	常绿直立灌木。喜光，抗寒，耐高温酷暑，耐阴，耐干旱和瘠薄，不耐水涝，对土壤要求不严	√	√	√	√			海拔1 000米以下的向阳山坡或路旁
26	水丝梨	*Sycopsis sinensis* Oliver	金缕梅科	水丝梨属	常绿乔木。喜温暖，充分阳光，喜疏松、肥沃、排水良好土壤	√	√	√	√	√		海拔1 600~1 800米的混交林中
27	梧桐	*Firmiana platanifolia*	锦葵科	梧桐属	落叶乔木。喜光，喜温暖湿润气候，耐寒性不强，不耐积水，喜土层深厚、肥沃、湿润而排水良好的土壤，在酸性、中性及钙质土上均能生长	√		√	√	√		海拔1 000米以下各地
28	茅栗	*Castanea mollissima*	壳斗科	栗属	落叶乔木。喜光，对土壤要求不严格，除极端沙土和黏土外，均能生长	√		√	√			海拔2 000米以下山地
29	青冈	*Cyclobalanopsis glauca*	壳斗科	青冈属	常绿乔木。喜光，也耐阴，喜温暖湿润气候，也较耐寒，适应性较强，耐瘠薄	√		√	√			海拔2 500米以下山地
30	小叶青冈	*Cyclobalanopsis myrsinifolia*	壳斗科	青冈属	常绿乔木。偏喜光，稍耐阴。中性树种，喜温暖湿润气候，对土壤条件要求不严，能耐干旱瘠薄，在土层深厚肥沃、排水良好的酸性土壤上生长良好	√		√	√			海拔2 500米以下山地
31	麻栎	*Quercus acutissima*	壳斗科	栎属	落叶乔木。喜光，适应性强，耐干旱瘠薄，对土壤要求不严，在酸性、中性及钙质土壤均能生长，尤以在土层深厚肥沃、排水良好的壤土或砂壤土生长最好	√		√	√	√		海拔2 000米以下山地
32	槲栎	*Quercus aliena*	壳斗科	栎属	落叶乔木。喜光，适应性强，耐干旱瘠薄，对土壤要求不严，在酸性、中性及钙质土壤均能生长，尤以在土层深厚肥沃、排水良好的壤土或砂壤土生长最好	√		√	√	√		海拔2 000米以下山地

续表

序号	树种	拉丁学名	科	属	树种特性及适宜生境或立地条件	适宜绿化类型						适宜区域
						荒山绿化	平原绿化	城市绿化	乡村绿化	通道绿化	水系绿化	
33	栓皮栎	*Quercus variabilis* Bl.	壳斗科	栎属	落叶乔木。喜光，幼苗能耐阴。适应性强，抗风，抗旱，耐火耐瘠薄，在酸性、中性及钙质土壤均能生长，尤以在土层深厚肥沃、排水良好的壤土或砂壤土生长最好	√		√	√	√		全市各地
34	臭椿	*Ailanthus altissima*	苦木科	臭椿属	落叶乔木。喜光，也耐阴。喜温暖湿润气候，较耐寒，耐干旱耐瘠薄，在排水良好、有机质丰富的壤土中生长较好	√	√	√	√	√		全市各地
35	蜡梅	*Chimonanthus praecox*	蜡梅科	蜡梅属	落叶灌木。喜光，也耐阴。耐寒、耐旱，忌渍水，喜土层深厚、肥沃、疏松、排水良好的微酸性沙质壤土，在盐碱地上生长不良	√		√	√	√		全市各地
36	喜树	*Camptotheca acuminata*	蓝果树科	喜树属	落叶乔木。喜光，也稍耐阴。喜温暖湿润气候，不耐严寒，不耐干旱瘠薄，对土壤酸碱度要求不严，在石灰岩风化的钙质土壤和板页岩形成的微酸性土壤中生长良好	√	√	√	√	√		海拔 1 000 米以下山地、丘陵
37	楝	*Melia azedarach*	楝科	楝属	落叶乔木。喜光，喜温暖湿润气候，耐寒，耐碱，耐瘠薄，耐水涝，适应性较强，对土壤要求不严，在酸性土、中性土与石灰岩地区均能生长	√	√	√	√	√		全市各地
38	香椿	*Toona sinensis*	楝科	香椿属	落叶乔木。喜光，喜温暖湿润气候，较耐湿，适应性较强	√		√	√	√		全市各地
39	猕猴桃	*Actinidia chinensis* Planch.	猕猴桃科	猕猴桃属	落叶木质大藤本。喜半阴环境。对土壤水分和空气湿度的要求比较严格，要求温暖湿润的气候，喜欢腐殖质丰富、排水良好的土壤，喜生于温暖湿润，背风向阳环境	√		√	√			海拔 2 000 米以下山地、丘陵

续表

序号	树种	拉丁学名	科	属	树种特性及适宜生境或立地条件	适宜绿化类型						适宜区域
						荒山绿化	平原绿化	城市绿化	乡村绿化	通道绿化	水系绿化	
40	白玉兰	*Michelia* × *alba* DC.	木兰科	含笑属	落叶乔木。喜光，喜温暖湿润气候，在土层深厚、疏松、富含腐殖质和排水良好的砂壤土上生长良好	√		√	√	√		海拔 1 500 米以下山地、丘陵
41	辛夷	*Yulania biondii*（Pamp.）D. L. Fu	木兰科	玉兰属	落叶乔木。喜光，不耐阴。较耐寒，喜肥沃、湿润、排水良好的土壤，忌黏质土壤，不耐盐碱；肉质根，忌水湿	√	√	√	√	√		海拔 600~2 100 米的地区
42	厚朴	*Houpoea officinalis*（Rehder & E. H. Wilson）N. H. Xia & C. Y. Wu	木兰科	厚朴属	落叶乔木。喜光，幼龄期需荫蔽，喜凉爽、湿润、多云雾、相对湿度大的气候环境，在土层深厚、肥沃、疏松、腐殖质丰富、排水良好的微酸性或中性土壤上生长较好	√	√	√	√	√		海拔 300~1 500 米的山地
43	白蜡树	*Fraxinus chinensis* Roxb.	木樨科	梣属	落叶乔木。喜光，阳性树种，喜温暖湿润气候，对土壤的适应性较强，在酸性土、中性土及钙质土上均能生长，耐轻度盐碱	√	√	√	√	√		海拔 1 500 米以下各地
44	女贞	*Ligustrum lucidum* Ait.	木樨科	女贞属	常绿乔木。喜光，也耐阴。喜温暖湿润气候，耐寒性好，耐水湿，不耐瘠薄，对土壤要求不严，以砂质壤土或黏质壤土栽培为宜，在红、黄壤土中也能生长	√	√	√	√	√		海拔 2 000 米以下各地
45	流苏树	*Chionanthus retusus* Lindl. et Paxt.	木樨科	流苏树属	落叶灌木或乔木。喜光，不耐阴蔽，耐寒、耐旱，忌积水，耐瘠薄，对土壤要求不严，但以在肥沃、通透性好的砂壤土中生长最好，有一定的耐盐碱能力	√	√	√	√	√		海拔 3 000 米以下山地
46	黄连木	*Pistacia chinensis*	漆树科	黄连木属	落叶乔木。喜光，幼时稍耐阴。喜温暖湿润气候，不耐寒，耐干旱瘠薄，对土壤要求不严，在土层深厚、肥沃、湿润而排水良好的石灰岩山地生长最好	√		√	√	√		海拔 2 000 米以下山地、丘陵

续表

序号	树种	拉丁学名	科	属	树种特性及适宜生境或立地条件	适宜绿化类型						适宜区域
						荒山绿化	平原绿化	城市绿化	乡村绿化	通道绿化	水系绿化	
47	黄栌	*Cotinus coggygria* Scop.	漆树科	黄栌属	落叶小乔木或灌木。喜光，也耐半阴。耐寒，耐干旱瘠薄和碱性土壤，不耐水湿，宜植于土层深厚、肥沃而排水良好的砂质土壤	√		√	√			海拔500~1 000米以下山地、丘陵
48	漆	*Toxicodendron vernicifluum*	漆树科	漆树属	落叶乔木。喜光，喜温暖湿润气候，较耐寒，适应性强，对土壤要求不严	√		√	√			海拔 2 500米以下山地、丘陵
49	南紫薇	*Lagerstroemia subcostata*	千屈菜科	紫薇属	落叶灌木或乔木。喜光，也耐阴。喜温暖湿润气候，耐寒性较强，耐干旱瘠薄，不耐水湿，喜肥，尤喜深厚肥沃的砂质壤土	√		√	√	√		海拔 1 500米以下各地
50	石榴	*Punica granatum* L.	千屈菜科	石榴属	落叶灌木或乔木。喜光，喜温暖向阳环境，耐旱、耐寒，也耐瘠薄，不耐涝和荫蔽。对土壤要求不严，但以排水良好的夹沙土栽培为宜	√		√	√			海拔300~1 000米山地
51	香果树	*Emmenopterys henryi* Oliv.	茜草科	香果树	落叶大乔木。喜温和或凉爽的气候，耐寒，喜湿润肥沃的土壤	√		√	√	√		海拔430~1 630米处的山谷林中
52	石楠	*Photinia serrulata*	蔷薇科	石楠属	常绿灌木或小乔木。喜光，稍耐阴。喜温暖湿润气候，对土壤要求不严，以肥沃、湿润、土层深厚、排水良好、微酸性的砂质土壤最为适宜	√	√	√	√	√		全市各地
53	枇杷	*Eriobotrya japonica*	蔷薇科	枇杷属	常绿小乔木。喜光，也耐阴。喜温暖湿润气候，土壤适应性强，以土层深厚、土质疏松、含腐殖质多、排水良好的砂质壤土为佳	√	√	√	√	√		全市各地
54	湖北海棠	*Malus hupehensis*	蔷薇科	苹果属	落叶乔木。喜光，喜温暖湿润气候，较耐湿，也耐旱，耐寒性强，有一定的抗盐能力，喜在土层深厚、肥沃的微酸性至中性的壤土中生长	√		√	√	√	√	海拔 3 000米以下山地、丘陵

续表

序号	树种	拉丁学名	科	属	树种特性及适宜生境或立地条件	适宜绿化类型						适宜区域
						荒山绿化	平原绿化	城市绿化	乡村绿化	通道绿化	水系绿化	
55	木瓜	*Chaenomeles sinensis*	蔷薇科	木瓜海棠属	落叶灌木或小乔木。喜光，不耐阴，喜温暖湿润气候，对土质要求不严，但在土层深厚、疏松肥沃、排水良好的沙质土壤中生长较好，不耐积水	√		√	√			海拔1 000米以下山地、丘陵
56	襄阳山樱桃	*Cerasus cyclamina* （Koehne）Yu et Li	蔷薇科	樱属	落叶乔木。喜光，喜温、喜湿、喜肥的果树， 根系分布浅，不抗旱，不耐涝也不抗风。对盐渍化的程度反应很敏感，适宜的土壤pH值为5.6~7，不耐盐碱	√		√	√			海拔1 000~1 300米山地疏林中
57	梨	*Pyrus* spp	蔷薇科	梨属	落叶乔木或灌木。喜光，在温暖的环境成长较快，对土壤的适应能力很强，不论山地、丘陵、沙荒、洼地、盐碱地和红壤，都能生长结果，对水分需求量较大	√	√	√	√			全市各地
58	桃	*Amygdalus persica* L.	蔷薇科	桃属	落叶小乔木。喜光，耐旱抗寒，怕水涝，在土层深厚、肥沃、疏松、排水良好的土壤上生长良好	√		√	√			全市各地
59	桑	*Morus alba*	桑科	桑属	落叶乔木。喜光，稍耐阴。喜温暖湿润气候，耐干旱瘠薄，对土壤的适应性强	√	√	√	√	√	√	全市各地
60	光皮梾木	*Cornus wilsoniana* Wangerin	山茱萸科	山茱萸属	落叶乔木。喜光，稍耐阴，喜温暖湿润气候，较耐寒，耐干旱瘠薄，在土层深厚、肥沃而湿润的酸性土及石灰岩土上生长良好	√		√	√	√		海拔1 200米以下山地、丘陵
61	山茱萸	*Cornus officinalis*	山茱萸科	山茱萸属	落叶乔木或灌木。喜光，阳性树种，较耐阴，喜温暖湿润气候，在排水良好，富含有机质、肥沃的砂壤土中生长良好	√		√	√	√		海拔1 500米以下山地、丘陵
62	四照花	*Dendrobenthamia japonica* var. *chinensis*	山茱萸科	山茱萸属	落叶乔木。喜光，喜半阴半阳环境，喜温暖湿润气候，较耐寒，耐干旱瘠薄，适生于肥沃而排水良好的土壤	√		√	√	√		海拔2 000米以下山地、丘陵

续表

序号	树种	拉丁学名	科	属	树种特性及适宜生境或立地条件	适宜绿化类型						适宜区域
						荒山绿化	平原绿化	城市绿化	乡村绿化	通道绿化	水系绿化	
63	紫斑牡丹	*Paeonia rockii*（S. G. Haw & Lauener）T. Hong & J. J. Li	芍药科	芍药属	落叶灌木。喜光，亦耐半阴。适应于黄土母质上发育的各种土壤，稍耐碱，耐寒、耐旱、不耐水湿，在排水良好的土壤上生长良好	√	√	√	√			海拔1 100~2 800米的山坡林下灌丛中
64	卵叶牡丹	*Paeonia qiui* Y. L. Pei & D. Y. Hong	芍药科	芍药属	落叶灌木。喜光，亦耐半阴。耐寒、耐旱、不耐水湿，对土壤要求不严，在排水良好的土壤上生长良好	√	√	√	√			海拔1 100~2 800米的山坡林下灌丛中
65	柿	*Diospyros kaki* Thunb.	柿科	柿属	落叶乔木。喜光，阳性树种，喜温暖湿润气候，耐寒，耐干旱瘠薄，不耐盐碱土，在土层深厚、肥沃、湿润、排水良好的土壤上生长良好	√	√	√	√	√		海拔2 000米以下山地、丘陵
66	金弹子	*Diospyros cathayensis*	柿科	柿属	常绿或半常绿乔木。喜温暖湿润和阳光充足的环境，稍耐半阴，不耐干旱，耐寒，忌积水，对土壤适应性广，在酸性、碱性、中性土壤上均能生长	√	√	√	√	√		海拔600~1 500米的河谷、山地
67	拐枣	*Hovenia dulcis* Thunb.	鼠李科	枳椇属	高大乔木，稀灌木。喜光，阳性树种，深根性，略抗寒，性喜温暖湿润的气候条件，对土壤要求不严，以深厚、肥沃、湿润、排水良好的微酸性、中性土壤生长最好	√		√	√			海拔200~1 400米的次生林中或庭园栽培
68	枣	*Ziziphus jujuba* Mill.	鼠李科	枣属	落叶小乔木，稀灌木。喜光、喜温，耐旱、耐涝性较强，对土壤适应性强，耐贫瘠、耐盐碱，怕风	√	√	√	√			全市各地
69	铁坚油杉	*Keteleeria davidiana*	松科	油杉属	常绿乔木。喜光，喜气候温凉湿润、土层较厚、富含腐殖质的棕壤土及棕壤土的立地环境，耐旱性较差，也不适应盐碱地及长期积水地	√		√	√			海拔1 500米以下山地

续表

序号	树种	拉丁学名	科	属	树种特性及适宜生境或立地条件	适宜绿化类型						适宜区域
						荒山绿化	平原绿化	城市绿化	乡村绿化	通道绿化	水系绿化	
70	白皮松	*Pinus bungeana* Zucc. ex Endl.	松科	松属	常绿乔木。喜光，耐瘠薄土壤及较干冷的气候；在气候温凉、土层深厚、肥润的钙质土和黄土上生长良好	√						海拔500~1 800米山地
71	卫矛	*Euonymus alatus*（Thunb.）Sieb.	卫矛科	卫矛属	落叶灌木。喜光，稍耐阴，耐旱、耐瘠薄、耐寒，对气候和土壤适应性强，在中性、酸性及石灰性土上均能生长，耐修剪，对二氧化硫有较强抗性	√	√	√	√	√		全市各地
72	三角槭	*Acer buergerianum*	无患子科	槭属	落叶乔木。弱阳性树种，稍耐阴，喜温暖湿润气候，耐寒，较耐水湿，对土壤要求不严，在中性至酸性土壤均能生长良好	√		√	√	√		海拔1 000米以下山地、丘陵
73	五角槭	*Acer pictum* subsp. *mono*	无患子科	槭属	落叶乔木。喜光，稍耐阴，喜温暖湿润气候，对土壤要求不严，在中性、酸性及石灰性土上均能生长，但以土层深厚、肥沃及湿润之地生长最好，黄黏土上生长较差，抗风力强	√		√	√	√		海拔700~1 000米以下山地、丘陵
74	茶条槭	*Acer tataricum* subsp. *ginnala*	无患子科	槭属	落叶灌木或小乔木。喜光，阳性树种，耐阴、耐寒，喜湿润土壤，耐旱，耐瘠薄，抗性强，适应性广	√		√	√	√		海拔800米以下的丛林中
75	鸡爪槭	*Acer palmatum*	无患子科	槭属	落叶小乔木。喜光忌烈日暴晒，较耐阴，中性偏阴树种，喜温暖湿润气候和凉爽环境，较耐寒，耐干旱，不耐水涝，在土层深厚、肥沃、富含腐殖质的酸性或中性砂壤土中生长良好	√		√	√	√		海拔1 500米以下山地、丘陵
76	天师栗	*Aesculus chinensis* var. *wilsonii*（Rehder）Turland & N. H. Xia	无患子科	七叶树属	落叶乔木。弱阳性，喜温暖湿润气候，不耐寒，在土层深厚、疏松、湿润、排水良好而且富含有机质的微酸性土壤中生长良好	√		√	√	√		海拔2 000米以下山地、丘陵

续表

序号	树种	拉丁学名	科	属	树种特性及适宜生境或立地条件	适宜绿化类型						适宜区域
						荒山绿化	平原绿化	城市绿化	乡村绿化	通道绿化	水系绿化	
77	栾树	*Koelreuteria paniculata*	无患子科	栾属	落叶乔木。喜光，稍耐半阴，喜温暖湿润气候，较耐寒，耐干旱瘠薄，不耐水涝，对环境的适应性强，喜欢生长于石灰质土壤中	√	√	√	√	√		全市各地
78	无患子	*Sapindus saponaria*	无患子科	无患子属	落叶乔木。喜光，稍耐阴，喜温暖湿润气候，耐寒能力较强，耐干旱瘠薄，不耐水涝，对土壤要求不严	√	√	√	√	√		海拔 1 500 米以下山地、丘陵
79	刺楸	*Kalopanax septemlobus*（Thunb.）Koidz.	五加科	刺楸属	落叶乔木。喜光，稍耐阴，耐寒，耐旱，喜湿润环境，适宜在含腐殖质丰富、土层深厚、疏松且排水良好的中性或酸性土壤中生长	√	√	√	√	√		全市各地
80	山梅花	*Philadelphus incanus* Koehne	绣球花科	山梅花属	落叶灌木。喜光，喜温暖，耐寒，耐热，怕水涝，对土壤要求不严	√	√	√	√	√		海拔 1 200~1 700 米林缘灌丛中
81	枫香树	*Liquidambar formosana* Hance	蕈树科	枫香树属	落叶乔木。喜光，喜温暖湿润气候，幼树稍耐阴，耐干旱瘠薄，耐水淹，在土层深厚、肥沃、湿润的土壤上生长良好	√	√	√	√	√	√	海拔 1 500 米以下山地、丘陵
82	腺柳	*Salix chaenomeloides*	杨柳科	柳属	落叶乔木。喜光，不耐阴，较耐寒。喜潮湿肥沃的土壤		√	√	√	√	√	海拔 1 000 米以下山沟水旁
83	垂柳	*Salix babylonica* L.	杨柳科	柳属	落叶乔木。喜光，耐寒，耐水湿，耐干旱，根系发达，喜潮湿深厚之酸性及中性土壤，喜生于河岸两边湿地		√	√	√	√	√	全市各地
84	柞木	*Xylosma racemosum*	杨柳科	柞木属	常绿大灌木或小乔木。喜光，喜温暖湿润气候，耐寒性强，耐干旱瘠薄，适应性强	√		√	√			海拔 1 500 米以下各地

续表

序号	树种	拉丁学名	科	属	树种特性及适宜生境或立地条件	适宜绿化类型						适宜区域
						荒山绿化	平原绿化	城市绿化	乡村绿化	通道绿化	水系绿化	
85	山桐子	*Idesia polycarpa*	杨柳科	山桐子属	落叶乔木。喜光，不耐阴，喜温暖湿润气候，不耐干旱瘠薄，喜土层深厚、湿润、肥沃、疏松土壤	√		√	√	√		海拔 1 500 米以下山地、丘陵
86	重阳木	*Bischofia polycarpa*	叶下珠科	秋枫属	落叶乔木。喜光，阳性树种，稍耐阴，喜温暖湿润气候，耐寒性较弱，耐水湿，也耐干旱瘠薄，对土壤要求不严，在酸性土和微碱性土中皆可生长	√	√	√	√	√	√	海拔 1 000 米以下山地、丘陵
87	银杏	*Ginkgo biloba*	银杏科	银杏属	落叶乔木。喜光，对气候、土壤适应性较强	√	√	√	√	√		海拔 1 000 米以下各地
88	榔榆	*Ulmus parvifolia*	榆科	榆属	落叶乔木。喜光，喜温暖湿润气候，耐干旱，对土壤要求不严，在酸性、中性及碱性土上均能生长，但以土层深厚、肥沃、排水良好的中性土壤为最适宜的生境	√	√	√	√	√		低山、丘陵、平原
89	榆树	*Ulmus pumila*	榆科	榆属	落叶乔木。喜光，阳性树种，适应性强，能耐干冷气候及中度盐碱，但不耐水湿，在土层深厚、肥沃、排水良好的冲积土及黄土高原生长良好	√	√	√	√	√		低山、丘陵、平原
90	榉树	*Zelkova serrata*（Thunb.）Makino	榆科	榉属	落叶乔木。喜光，阳性树种，喜温暖环境。耐烟尘及有害气体。适生于深厚、肥沃、湿润的土壤，对土壤的适应性强，抗风力强。忌积水，不耐干旱和贫瘠	√	√	√	√	√		海拔 500~1 900 米林中
91	黄檗	*Phellodendron amurense* Rupr.	芸香科	黄檗属	落叶乔木。喜光，耐严寒，宜于平原或低丘陵坡地、路旁、住宅旁及溪河附近水土较好的地方种植，适生于土层深厚、湿润、通气良好的、含腐殖质丰富的中性或微酸性壤质土	√	√	√	√	√	√	全市各地

续表

序号	树种	拉丁学名	科	属	树种特性及适宜生境或立地条件	适宜绿化类型						适宜区域
						荒山绿化	平原绿化	城市绿化	乡村绿化	通道绿化	水系绿化	
92	猴樟	*Cinnamomum bodinieri* Levl.	樟科	樟属	常绿乔木。喜光，也耐阴，喜温暖湿润气候，耐寒性不强，在深厚肥沃湿润酸性或中性黄壤、红壤中生长良好，不耐干旱瘠薄和盐碱土	√	√	√	√	√		海拔700~1 480米路旁、沟边、疏林或灌丛中
93	黑壳楠	*Lindera megaphylla*	樟科	山胡椒属	常绿乔木。为中性偏阴性树种，幼苗及幼树耐阴性较强，喜温暖湿润气候，耐旱，耐寒性较差，喜土层深厚、肥沃、排水良好的酸性至中性土壤	√		√	√	√		海拔1 500米以下山地、丘陵
94	楠木	*Phoebe zhennan*	樟科	楠属	常绿乔木。耐阴，喜温暖湿润气候，在土层深厚、肥沃、湿润、排水良好的微酸性及中性土壤上生长良好	√		√	√	√		海拔1 000米以下山地、丘陵
95	川桂	*Cinnamomum wilsonii* Gamble	樟科	樟属	常绿乔木。喜光，幼苗期怕强光照射，喜欢温暖潮湿的气候，耐热，不耐寒，在有深厚黄壤土的山坡地上，生长得最好	√	√	√	√	√		海拔（30~300）800~2 400米林中
96	粗糠树	*Ehretia dicksonii* Hance	紫草科	厚壳树属	落叶乔木。喜光，稍耐寒，以土层深厚、疏松、湿润而排水良好之地生长最好	√		√	√			海拔2 300米以下山地、丘陵
97	楸	*Catalpa bungei* C. A. Mey	紫葳科	梓属	落叶小乔木。喜光，喜温暖湿润气候，不耐寒，不耐旱，不耐水湿，在深厚、湿润、肥沃、疏松的中性土、微酸性土和钙质土中生长迅速，对二氧化硫等有毒气体有较强抗性	√	√	√	√	√		全市各地
98	梓	*Catalpa ovata* G.Don	紫葳科	梓属	落叶乔木。喜光，喜温暖湿润气候，耐寒，不耐干旱瘠薄，喜深厚、湿润、肥沃夹沙土壤	√	√	√	√	√		全市各地

襄阳市林木种质资源库、良种基地位置示意图

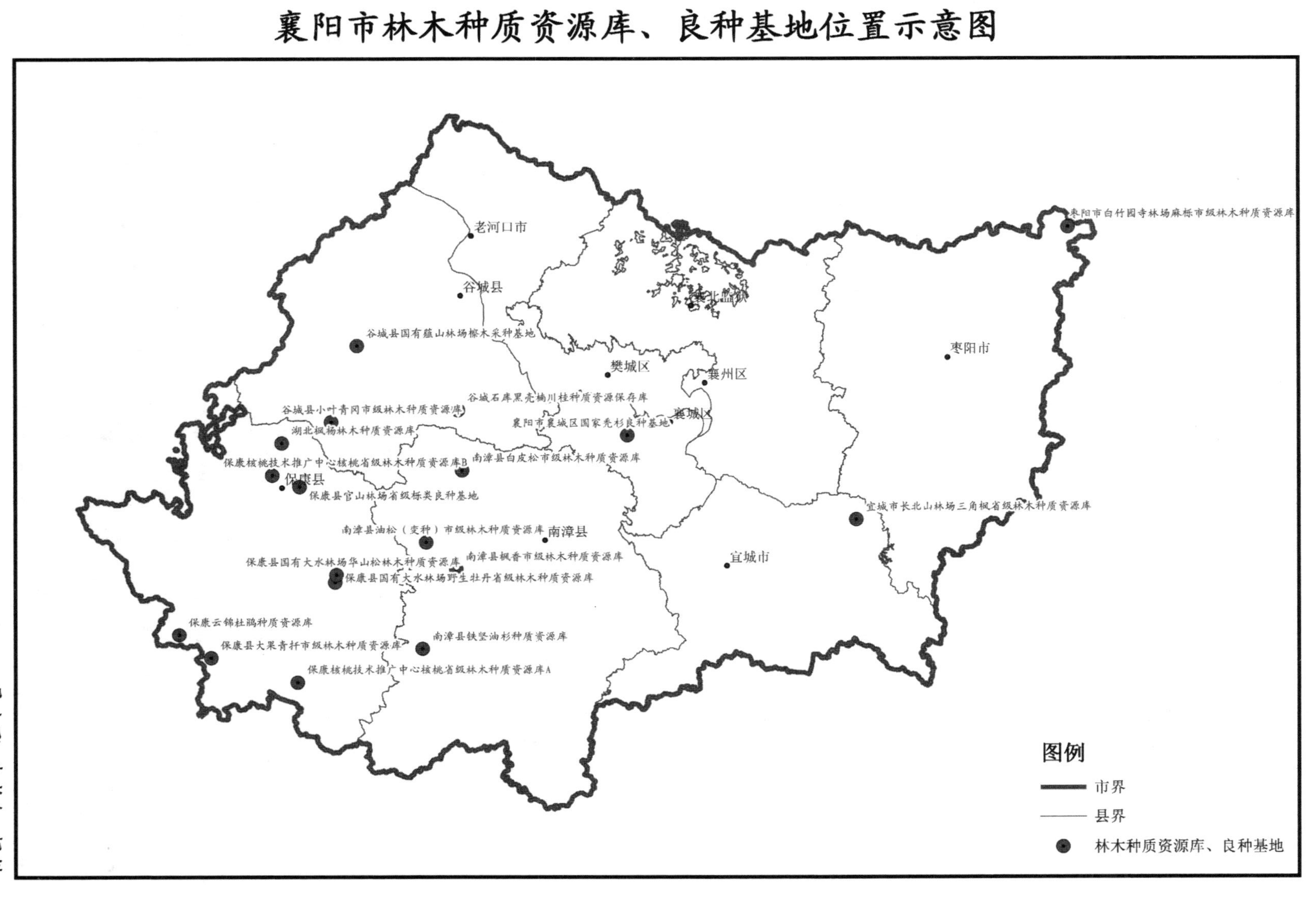

吴小飞 朱长红 提供